李妍◎著

人生不言败

普京的实力法则

百花洲文艺出版社
BAIHUAZHOU LITERATURE AND ART PRESS

图书在版编目（CIP）数据

人生不言败 / 李妍著. -- 南昌 : 百花洲文艺出版社，2017.1（2022.11重印）
ISBN 978-7-5500-2020-7

Ⅰ. ①人… Ⅱ. ①李… Ⅲ. ①成功心理一通俗读物
Ⅳ. ①B848.4-49

中国版本图书馆CIP数据核字（2016）第300402号

人生不言败
李 妍 著

出 版 人	姚雪雪
责任编辑	王俊琴 李梦琦
封面设计	仙 境
出版发行	百花洲文艺出版社
社 址	南昌市红谷滩新区世贸路898号博能中心A座20楼
邮 编	330038
经 销	全国新华书店
印 刷	三河市华润印刷有限公司
开 本	700mm×1000mm 1/16
印 张	16
版 次	2022年11月第1版第2次印刷
字 数	220千字
书 号	ISBN 978-7-5500-2020-7
定 价	36.00元

赣版权登字 05-2016-417

邮购联系 0791-86895108
网 址 http://www.bhzwy.com

前 言

有人说，普京称得上精品男人，更堪称男人之中的楷模。普京有王者的气概，有真男人的魅力，与这样的男人在一起，会拥有强烈的安全感与满足感。

成功的男人很多，可是像普京这样能集若干优点于一身的男人却少之又少。他不但强健、坚强、有责任感，更有着迷人的外表、过人的智慧，其风格百变的外交手段，也令人应接不暇。

据俄罗斯媒体报道，在俄罗斯，不同年龄阶段的女性，都会表示出对普京的偏爱与崇拜，她们甚至对外界广为流传的“女人嫁人就嫁普京这样的人，男人要做就做普京这样的人”的话深深认同。

是什么让普京如此成功，又是什么让普京拥有这样的魅力呢？这几乎就是一个谜。因为人们所认识的普京，永远都不是全面的他。下一秒，普京很可能会再次打破你的认知，做出你意想不到的事情来。

不过，如果可以对普京的人生仔细思忖，你就会发现，普京的成功与他个人的魅力分不开，而这个人魅力又显然是他身上那些不可忽略的优秀特质：强硬、干练、低调、真诚、宽容……每一样都深深吸引着女性，甚至让男性也为之钦佩。

无疑，普京的人生可以作为个人智慧修为的一个典范，如果能从他的身上细致体会、观察、领悟种种成功之道，对于自身的提升有很大的帮助。《人生不言败》正是这样一本值得你关注并学习的好书。本书从普京的治国、为人、实力、自我等不同方面，对普京的成功进行了细致剖析。那些与普京有关的小故事，会让你百读不厌；那些普京巧妙运用智慧的瞬间，会让你从中受益匪浅。

本书旨在让想要上进的你，从中找到自己人生的榜样；让正处于迷茫之中不知如何发展的你，从中找到奋斗的方向。同时，这绝对是一本可以改变男人生活态度的书籍，本书通过对普京行为、处事、交际的案例进行深刻分析，从而提醒现实生活中的你，哪些是你需要改变的不足之处。因此，这不仅是一本让人升华、催人向上的好书，更是一本影响你一生的良益之书。

目　录
contents

法则三　坚持到底，蜗牛也能爬上金字塔

法则四　进取实干，任何事都要全力以赴

法则五　实力男人，来自严苛的自律

法则十二　真诚做人："我偶尔也颓废，但从来不装样子"

法则十三　硬汉柔情，大男子的小温柔

法则十四　全能魅力，强者的征途是星辰大海

Vladimir Putin

法则一

强人治国，做人就要勇敢前行

做人就要勇敢前行

当我们感叹英雄人物皆为强者的时候，往往会忽略他们披荆斩棘的勇气。而正是他们的勇气，改变了世界的格局。这种强者的力量，在俄罗斯总统普京的身上，同样得到了体现，他一直这样认为：做人就要勇敢前行！

很多时候，当人们面对一件难事的时候，总会犹豫、纠结，甚至萌生退意。但历史就是这样，在机会面前，看似人人平等，可那个在纠结中最先打破犹豫、突破懦弱的人，却最终拥有了表现自己能力的机会，一举成为人们眼中的英雄。

普京就是这样一个人，面对困难，他从不退缩；面对问题，他看似不动声色，可是一出手就让人赞叹。可以说，在普京身上，有着天生的勇敢与霸气。

法国总统萨科齐曾经说过："普京是一个直接、勇敢而坚定的人。"作为一个国家领导人，普京绝对算得上有冒险精神，F1 赛车、直升机、轰炸机、柔道、枪法……他无所不精、无所不通。对于普京来说，风险是彰显个人魅力的绝佳机会。普京敢于冒险和具有挑战勇气，赢得了人民对他的信心。

2007 年 10 月，伊朗问题已经成为北约的一块心病，而俄罗斯、伊朗、哈萨克斯坦、土库曼斯坦以及阿塞拜疆五国峰会需要对里海的海域问题进行探讨。可是，自二战以来，俄罗斯从未对伊朗进行过访问，时隔60年，面对美国、北约、里海多方问题的交织，普京决定赴伊朗访问。

此前，德黑兰的暗杀组织早就设下了天罗地网，准备刺杀五国峰会的领导人。所有的人都清楚此次访问充满了危险，而普京更明白，自己的出访不但会改写俄罗斯与伊朗的国家关系，更会让美国看到俄罗斯的实力所在，不管从哪一个方面来说，这都是一次具有历史意义的出访。

面对危险，普京毫不畏惧，他于10月16日到达德黑兰，与伊朗总统内贾德友好会面。内贾德当场表示："您的到来将象征着里海沿岸国家的团结与友好以及睦邻关系。"同时，伊朗也在世界舞台上得到认可：国际社会并没有孤立伊朗。不仅如此，在2011年，普京再次访问伊朗，两个国家良好的沟通，让伊朗问题得到了良好的化解。

普京的冒死赴访，不但使俄罗斯的世界地位得到提高，也向美国大胆表明了自己的立场。面对普京的强势，美国不但从东欧撤出反导弹系统，还与俄罗斯进行对话，进行两国军事演习，从而迎来了俄美关系暂时的改善。

这就是普京对世界发出的强者之声：勇气与行动，永远都是最有用的，只要去行动，就可以把握主动，就能让历史为之改变。每一个想要成就大事的人都应该知道：想要优秀，想要成功，就要做一个强者。

人们之所以对强者顶礼膜拜，就是因为强者在面对危险的时候，毫无惧色，能够完成别人无法完成的事情。想拥有成功，想掌握自己的命运，唯一的办法就是让自己变强变大。在普京的身上，折射出这样的法则：唯有强者，才可以赢得最后的胜利；唯有勇敢前行，才是掌握历史发展与走向的人！

没有实力的愤怒毫无意义

很多时候，人们都会愤怒，但是强者和弱者愤怒时的表现却截然不同：强者沉默，弱者喋喋不休。没有实力的愤怒毫无意义，这个道理非常简单，可是能够在愤怒时克制自己的人少之又少。

人生难免会有所不满，面对不满，你是用愤怒来回击，还是想方设法去改变现状呢？对于俄罗斯总统普京来说，似乎从来不需要纠结这个问题，因为他非常清楚：与其愤怒，不如拿出实力来改变现状。

普京 18 岁进入列宁格勒大学，当时的他顶多只能算是一个学习还算优秀的青年，如今的硬汉气质当时并未显现。在这所大学里，人才济济，普京只能算是个一般人。就算他不如别人，就算有时候别人会轻视他，他也不会愤怒，因为他内心时刻都在想着如何缩短与“天才”之间的差距。因此，当别人忙着参加文娱活动的时候，普京却毫不动心，只顾认真学习。

除此之外，普京所热爱的柔道也有了明显的进步。新生入学多会参加柔道比赛，但当时普京在身材上并不占优势。因此，那些大块头的柔道选手完全不把普京放在眼里，有的同学甚至会故意刺激他，说：“不是吧，普京你也练习柔道？”言语之中充满了嘲讽与不屑。但普京从来不会反驳他们，每天都把所有的精力用在学习和练习柔道上。比赛开始之后，普京和对手伊万一上场，观众们都一边倒地为伊万加油。伊万不但身材高大，而且力量明显优于普京。场下的观众大叫着："伊万，打倒普京，把他打垮！"听到观众们的呼喊，普京并不受干扰，因为他非常清楚自己的实力。比赛开始不久，普京便将伊万轻松摔倒，摔得既干脆又漂亮，让伊万躺在台上几乎爬不起来。而场下为伊万加油的同学们几乎无法相信自己的眼睛，鸦雀无声。从此，谁也不敢看不起普京这个小个子了。

大学时期，普京只有一个念头，那就是"我用5分说话"，因为当时最好的成绩就是5分。普京也确实做到了，每一科都是5分。优异的大学成绩，冷静的个性，为普京未来的学习、政治生涯都奠定了良好的基础。这种以实力说话的作风，完美地告诉世人：有实力，你不需要愤怒；没有实力，你愤怒也是枉然。

确实，一个人在职业生涯中，在社会生活中，不管做什么事，实力才是最好的敲门砖。没有实力，一切的不满和愤怒都毫无意义。普京之所以能打动克格勃，得到叶利钦的青睐，离不开这种用实力说话的完美品质。其实，对于每一个人来说，不论你从事什么行业，提升自己，用实力说话，才是王道。

许多年前，一个妙龄少女来到东京帝国酒店当服务员，这是她涉世之初的第一份工作，也就是说她将在这里正式步入社会，迈出她人生的第一步。因此她很激动，暗下决心：一定要好好干。然而让她没想到的是，上司安排她洗厕所！

洗厕所！说实话这是个没人爱干的行当，何况她从未干过粗重的活，细皮嫩肉，喜爱洁净，干得了吗？洗厕所时在视觉上、嗅觉上以及体力上都会使她难以承受，心理暗示的作用更是使她忍受不了。当她用自己白皙细嫩的手拿着抹布伸向马桶时，胃里立刻翻江倒海，恶心得想要呕吐却又吐不出来，太难受了。而上司对她的工作质量要求特高，高得骇人：必须把马桶抹洗得光洁如新！

她当然明白"光洁如新"的含义是什么，她当然更知道自己不适应洗厕所这一工作，真的难以实现"光洁如新"这一高标准的质量要求。因此她陷入困惑、苦恼之中，也哭过鼻子。这时，她面临着这人生第一步怎样走下去的抉择：是继续干下去，还是另谋职业？继续干下去——太难了！另谋职业——知难而退？人生之路岂有退堂鼓可打？她不甘心就这样败下阵来，因为她想起了自己初来时曾下的决心：人生第一步一定要走好，马虎不得。

正在关键时刻，同单位一位前辈及时地出现在她面前，帮她摆脱了困惑和苦恼，帮她迈出了这人生第一步，更重要的是帮她认清了人生路应该如何走。但他并没有用空洞的理论去说教，只是亲自做了个样子给她看了一遍。

他一遍遍地抹洗着马桶，直到抹洗得光洁如新，脸上露出灿烂的笑容。他本是个相当有身份的人，但是，并没有把擦马桶当作一件不光彩的工作。

实际行动胜过万语千言，他不用一言一语就告诉了她一个极为朴素、极为简单的真理：光洁如新，是办得到的事情。

同时，他送给她一个含蓄的、富有深意的微笑，送给她一束关注的、鼓励的目光。这已经够用了，因为她早已激动得几乎不能自持，从身体到灵魂都在震颤。她目瞪口呆，热泪盈眶，恍然大悟，如梦初醒。她痛下决心："就算一生洗厕所，也要做一名洗厕所最出色的人！"

从此，她成为一个全新振奋的人，工作质量也达到了那位前辈的高水平。她很漂亮地迈好了人生的第一步，开始了她不断走向成功的人生历程。

不管在现实生活中你从事的是什么职业，无论你有什么技能，你都应该用实力证明自己。如果你没有实力，一千遍的怒喊与不满也无法改变什么。而有实力的回击，哪怕不出声，也能让人震撼，取得主动权。面对工作中的偏见，面对生活中的不足，真正的强者不应该一味地抱怨和唠叨，而是拿出自己的实力，用自己的行动去改变，这才是最为行之有效的手段。

用铁腕在政坛初露头角

对于俄罗斯人民来说，虽然普京的角色多样：政客、克格勃、总统，不一而足，但是都有一个共同点：雷厉风行。在国内外，普京展示着自信而强大的铁腕治国手段。

当你面对频繁变化的岗位时，会不会心生抱怨？又会不会因为这样不断的变化而消磨掉对于未来的憧憬？面对这种情况，大多数人都会认为前途黯淡，甚至会一蹶不振。但对于普京来说，这种不断的变化已经成了家常便饭，他完全听从调派，哪里需要便站在哪里。

1990年，普京回到俄罗斯，被安排在列宁格勒大学做校长助理。没多长时间，便调任列宁格勒市的苏维埃主席顾问。1991年，普京离开克格勃，次年被任命为圣彼得堡副市长，1993年任日常事务委员会主席，1994年成为圣彼得堡第一副市长。直到1996年，普京才进入叶利钦的视线，但叶利钦对他上校的军衔很不满意，说："你最好重新回军队，等上升到将军之后再回来。"普京听了并没有气馁，他非常平静地对叶利钦说："现在我就是一个平民，我认为最重要的一点是，国家的权力机关应该由文人来领导，如果你愿意，我还是保留预备役上校的军衔为好。"叶利钦对此非常惊讶，就没有继续要求普京回到军队去，而是安排他做了办公室的管理局副局长。这个岗位非常不起眼，但普京凭借自己的努力，很快得到叶利钦的青睐，于1998年被提升为总统办公室第一副主任。这时的普京已经在安全局有了自己的队伍，但他非常低调，谁都看不出他在政治上会有什么大的发展。

普京在安全局局长的位子上只待了10个月，就被叶利钦提升为俄罗斯联邦安全委员会秘书。至此，普京的锋芒开始显露。当时，叶利钦多病，而世界政坛又竞争激烈，以美国为首的北约也跳开联合国，对南斯拉夫和科索沃发动攻击，迫使南斯拉夫在科索沃驻军78天便不得不撤出。

出身克格勃的普京敏锐地嗅到了其中的机会，并显示了他超强的铁腕手段。当北约军正准备进驻科索沃首府普里什蒂纳的时候，普京已经指挥一批俄罗斯伞兵小分队秘密完成集结，并抢先一步进入了普里什蒂纳，在机场降落，并一举占领机场。这个消息传开的时候，北约军队惊呆了，美国立刻要求英国军队去夺回机场，不过英军司令杰克逊没有执行这一命令，他认为，与俄罗斯发生冲突很有可能引发第三次世界大战。至此，叶利钦充分看到了普京的能力。他曾对外界无意地说起："我已经有了接班人选，只是现在不能公布。"其实他心里的人选就是普京，普京的铁腕手段让叶利钦看到了俄罗斯未来的曙光。

其实，有叶利钦这样一个上司，普京的日子并不好过，因为叶利钦十分挑剔，而且心思难测。在叶利钦任职总统的8年时间里，他换了7个总理、7个安全局长、10个财长，至于内政部长、办公室主任、秘书等，更是不计其数。

但是这样频繁的人事调动，与普京毫不沾边，他成为唯一一个不被撤职的俄罗斯总理。这是为什么？普京非常清楚自己之所以能够受到叶利钦的关注，和自己雷厉风行的铁腕风格有很大关系。

在当时的俄罗斯政坛中，普京如同一匹"黑马"，他低调隐忍，却负重前行，在应该出手的时候从不拖沓。普京很清楚自己应该做什么，不能做什么。他就任之后，并没有处心积虑去维护什么人际、政治关系，而是对自己的工作进行了全方位的改革，并取得了喜人的成就。但是，普京并没有居功自傲。在经济方面，他大力进行变革，完全摒弃旧有的机制，让国家生产总值在短短几个月的时间内，就由多年的负增长转变为正常运营，并持续上升。而这种经济的复苏，如同给国民打了一剂强心针。所以在国家民意调查中，普京的支持率从原来2%一下上升到50%。这种快速、正确的变革，就是普京对于自己执政方式的一种表达，而叶利钦和其他俄罗斯人民，包括俄罗斯政坛，都看到了这个年轻人的无限张力，以及他快、稳、准的行事风格。

1999年8月，叶利钦亲自任命普京为自己的接班人，对此，所有人都无话可说，心服口服，普京就此入主克里姆林宫。

多年之后，叶利钦再次回忆起普京的时候说："他的敏锐反应让我惊讶，我的一些很简单的问题，有时总会让人措手不及，甚至让人红着脸去痛苦地寻找答案，但普京却能非常从容地应对，以至于给我一种感觉，这个年轻人已经做好了迎接一切可能遇到的问题的准备，而且对所有挑战都能应对自如。"

这就是真实的普京，他在政治上的锋芒毕露纵然有着天时、地利、人和的多重因素，但是谁也不能否认，这一切也离不开他果敢智慧的头脑和他的铁腕魅力。在当时国民经济衰退不前，国内政治纷争加速的情况下，普京的铁腕出击就是最好的方法。当然，这一切全都得益于他从事克格勃工作多年，以及经历了各种不同工作岗位的历练。这些经历为他的人生及能力打下基础，让他明白自己应该做什么，要怎么去做。每个人都曾经有过辉煌的梦想，但是如果没有普京这样的铁腕行动力，梦想只能是梦想。要知道，一切的成功看似意外，实际上都拜自身长久的努力所赐。

重拳出击，向金融寡头宣战

民富则国强。否则，表面上看似安定的社会其实随时都有可能崩溃。普京对于这一点最清楚不过了，俄罗斯经济的持续低迷让他意识到，不能再坐以待毙，否则俄罗斯永远无法跻身世界强国之列。备受国民期待的领导人，以铁腕著称的普京，开始向金融寡头宣战。

普京上任之后，等着他的是一个亟待整顿的烂摊子：经济方面，国家的经济命脉并不在政府手中，而是握在金融寡头们的手里；政治方面，金融寡头利用金钱攫取国家职能，成了国家事务的真正决策者。面对这样的情况，普京决定下大力气进行整顿。他认为首要问题是要将政企分开，从而使金融寡头与行政保持一定的距离。普京指出，试图侵吞国家资产和偷税漏税等违法行为是由于国家经济控制的松动，并开始着手对较为活跃的金融寡头进行打击。他曾经斩钉截铁地说道："如果那些在浑水中捞了很多鱼的人至今仍想长期捞下去，我想，俄罗斯人民和我们的外国合作伙伴是不会满意的。如果没有稳定和有效运转的司法和执法系统的话，高效的国家就无从谈起。既然法律面前人人平等，那么，金融寡头也不能例外。"

"铁腕"总统雷厉风行，2000 年 6 月，一个爆炸性的新闻震惊了所有人：梅地亚·桥集团的总裁弗拉基米尔·古辛斯基被捕。这位古辛斯基是俄罗斯著名的寡头，拥有俄罗斯和以色列双重国籍。他不但在俄罗斯拥有众多的企业和不动产，而且势力还深入到了以色列、西班牙以及直布罗陀等地。除了庞大的经济势力，古辛斯基还是一个庞大的犹太人社会性组织的领导人，拥有很强的政治势力。古辛斯基的被捕，触犯了一些人的利益，这些人便趁机跳出来与政府进行对抗。

幸好这些情况早就在普京的预料之中，他三下五除二地解决了这些问题。首先，普京指控古辛斯基非法侵吞电视频道的国有财产1000万美元；然后，要求古辛斯基在“不离境保证书”上签名。而且，古辛斯基进入布蒂尔卡监狱一周不到，便被释放。这样一来，那些想要通过古辛斯基与政府进行对抗的人也就失去了理由。古辛斯基虽然被提前释放，但这一事件实际上是对俄罗斯所有寡头的一个宣战信号，普京已经向他们打出了狠狠的第一拳。

刚刚察觉到危机的寡头们还没有时间准备对策，普京很快就开始了下一步行动。接下来“倒霉”的寡头是弗拉基米尔·波塔宁。波塔宁是俄罗斯矿业巨头、传媒大王，曾在外贸部工作，负责原材料进出口贸易，后从政府辞职，创立了自己的贸易公司Interros。有人举报Interros公司在收购诺里尔斯克镍公司股份时，波塔宁从中赚取了1.4亿美元的收购差价，普京便借机要求法庭调查此次收购的合法性。随后，阿尔法集团的秋明石油公司、伏尔加汽车公司等，一一被列入了调查范围。在那段时间里，曾经不可一世的俄罗斯寡头们可谓人人自危。

寡头们见识到了普京的厉害，也意识到了自己所面临的危机，但是他们当然不会轻易放弃自己的利益，肯定要做出反击。就在这一时期，俄罗斯发生了“库尔斯克号”核潜艇沉没事故，正好给寡头们提供了一个反击普京的机会。寡头们宣称，正是因为普京的错误决策才导致了此次事故的发生。普京明白寡头们是想通过给自己“泼脏水”，挽回一些败局。然而他们的这些行为无异于垂死挣扎，不但没有起到打击普京的作用，反而让自己在失败的泥潭中越陷越深。面对他们的指责，普京不但没有退缩，反而做出了有力的回击。普京指出，金融寡头别列佐夫斯基宣称要为遇难者家属捐款，但实际上却并未付诸实践。普京这样说道："我们赞成他们所宣称的慈善行为，不过他们最好先把自己在地中海岸边的豪华别墅卖掉。但是只有一个问题：这些钱都是从哪儿来的？"

随后，别列佐夫斯基便受到了调查和指控。他被指控操控两家在瑞士注册的公司，通过内外勾结，私吞了俄罗斯航空公司高达几亿美元的款项。面对这样的指控，起初别列佐夫斯基并不太害怕，因为他知道，航空公司的总裁是俄罗斯前总统叶利钦的女婿，如果想彻查此事，一定会牵连到这位前总统，这对普京来说可是一个棘手的问题。此外，他还试图将普京一起拉下水，他对外宣称自己当年赞助普京参选总统时，用的就是这笔钱。如果这笔钱是黑钱的话，那么普京也逃脱不了干系，这样一来，普京最多只有一年的总统可以当了。面对这样的情况，普京并没有乱了阵脚，他知道支持自己的民众是不会轻信这番话的。同时，他还直接与前总统叶利钦进行了沟通，叶利钦对普京表示了完全的支持："普京目前对别列佐夫斯基以及其他寡头的行为都是正确的，我支持他。"这样一来，对别列佐夫斯基的指控得到了确认，他在俄罗斯的房产和汽车都被查封，这个曾经呼风唤雨的金融寡头威风不再。这一事件让其他寡头更加害怕危机会降临到自己头上，于是大部分开始收敛自己的行为，希望躲过这次危机。

后来，普京还处理了尤科斯石油公司的事件，该公司的CEO是曾经的俄罗斯首富、石油和银行寡头霍多尔科夫斯基。2003年霍多尔科夫斯基被指控犯有诈骗、偷税、伪造文件、杀人等多项罪名。普京明白，石油贸易直接影响到俄罗斯经济的发展，如果不将其中的漏洞堵死，俄罗斯未来的经济将永远不能得到有序发展。

从始至终，普京都没有放松过对于寡头的打击。因为他明白，国家的经济和私人资本之间有着千丝万缕的关联，如果不解决掉"寡头"这一国家最大的毒瘤，俄罗斯的经济就永远不可能振兴。而别列佐夫斯基等人对普京“总统任期不会太长”的诅咒也自然被打破，随着普京对寡头的大力惩治，他的民意支持率也在不断攀升。各大寡头的落马给所有想通过控制国家经济和政治为自己谋取私利的人打去了一记重拳，那些想要侵吞国家财产、中饱私囊的人终于有了忌惮。当尤科斯案成立，曾经的首富霍多尔科夫斯基因罪获刑时，俄罗斯人民终于看到了祖国未来发展的希望，那些寡头在普京的重拳打击之下再也无法嚣张了。

像对待叛国罪一样惩治贪污腐败

普京提出“钱与权必须分家”，他对于个人与民众的要求只有一个，那就是：“想要挣钱，就下海经商；想为国家服务，那就靠工资生活。”这是普京为了整治国家秩序而提出的惩治贪污腐败的要求，它代表着普京的人生信条，同时也将成为俄罗斯人民的座右铭。

2007 年，《时代周刊》将普京评为“年度风云人物”，因为自他执政以来，俄罗斯的面貌日新月异，他个人的风采也得到全面、完美的展示，人们看到了一个能干、肯干、敢干又精力充沛的国家领导人形象。他能保障国家稳定，他可以让国民富有希望，具有首创意识，更不向恶势力低头。这一切的美好特质，都集中在普京身上。

同年，普京在国家反腐行动中取得了很大的成绩。当然，这一切还要从头说起。普京上任伊始，国际反腐组织就在“透明国际”公布的调查中显示，从 2001 年以来，俄罗斯的贪污案例增加了 7 倍。如果按人头分的话，这个数据可以这样看待：整个俄罗斯政府的官员们，每级都分别会有 400 多亿美元的经济贿赂。这也就是说，从上到下，整个俄罗斯政府都在等待着整治与改造，而这个重任自然落在了普京的身上。

面对这样的现实，普京毫不犹豫地举起了惩治贪污腐败的大旗。普京拿出他一贯的强硬态度，极其严肃地宣布：俄罗斯要像对待叛国罪那样惩治腐败！他甚至对媒体这样说："我的理想是做一名间谍，尽管全世界的人都对这个名字没什么好感，但从国家的利益、人民的利益出发，我觉得间谍所做的贡献是十分巨大的。"这就是普京的决心，为了国家和人民的利益，不惜做全世界人都不喜欢的工作。

普京其实对俄罗斯的现状早有所了解，所以在他任职总统之后，最先表明自己的立场：与寡头划清界限。因为在俄罗斯人民的眼中，最为腐败、贪污的人就是那些拥有巨大经济实力的寡头。他们借助自己的经济实力，与政府官员勾结，从而得到金钱与权力的双重保障。普京的表态让民众看到一个洁身自好的领导人形象。随着后来"尤科斯寡头被查事件"的发生，普京的为人与行为越来越清晰地呈现在人民的面前：沉默、强硬，但能保证公平、公正！

为了让民众得到一个良好的国家秩序，普京又下令：金融寡头可以经营，但不能参政。他认为"有些人在短短的五六年间就可以赚到十几亿美金，这在任何一个西欧国家都不可能，如果想用几千万、几个亿来为自己消灾，以这些小钱再换取更多的钱都是不可行的……我不想抓住一个人不放，因为我的目标是：恢复俄罗斯的秩序，让人民合法地生活，与腐败分子斗争下去"。

2003年，普京组织俄联邦最高检察院开展"猎狼行动"，将落网的"大恐龙"公之于众，此举震惊了整个俄罗斯。人们看到了普京整治腐败的决心，更看到了他真实、果断的行为背后蕴藏的巨大能量。2007年，普京查处了太平洋沿岸滨海边疆区副行政长官亚历山大·西什金，因为他收取了120万卢布的贿赂。面对这样的结果，民众几乎奔走相告，对普京的支持达到巅峰。

曾有俄罗斯政府官员认为：俄罗斯政府官员人人都有问题，就算普京是一位外科医生，他很快也会发现，这一切已经千疮百孔，腐败是不可能扫清的。可是，普京却没有停下脚步，反而是用自己一贯的作风，加大力度去进行清扫。他甚至要投资数百亿卢布，在互联网上建一个信息平台，对俄罗斯所有部门、职业进行系统建设，让这些人每天、每时都接受来自全球的信息反馈。而每一个系统都有特别的安全、司法机关进行维护，从而来瓦解国内的不良利益集团，为政府清除毒瘤，为民众扫清恶行。

如果说普京的铁腕只是性格使然，那么他对于国家未来的深远思虑则来自强大的爱国情怀以及独立、坚持的完美实力。这就如同他就职总统时所发下的誓言：“为了国家的繁荣昌盛，可以牺牲自己，这将是我一生的座右铭。”这是普京的誓言，更是他打击腐败的决心。在这样一种腐败的生活方式面前，在这样一种组织化、结构化的社会黑暗面前，普京从没想过退缩，反而站在风口浪尖，与恶势力正面交锋并越挫越勇。一切，仅仅因为他深信自己有这样的实力！

Vladimir

Putin

法则二

可以骄傲，但要有骄傲的资本

认识自己，才有自信的资本

培根曾经说过："深窥自己的心，而后发觉一切的奇迹在你自己。"这就是认识自己的力量，因为自信就建立在对自己的认识之上。当你明白了自己所具备的能力，才能真正坦然地面对一切，能够从容地面对各种意外状况，不用害怕自己会手足无措。

作为一位举足轻重的政治人物，普京的生活中充满了不可预知的突发事件，他的人生就是一场未知的冒险。然而，面对各种各样的局面，普京表现出来的是超于常人的自信。作为一位充满争议的政治人物，普京竟然在参加完教练的葬礼之后，丢开警卫，独自一人行走在大街上。普京的步伐是那样坚定、自信，这种自信不是从外界获取的，而是来源于他强大的内心，来源于他对自己的了解，对俄罗斯的了解。这种自信不仅使他能够在没有一个警卫的情况下漫步街头，更使他在处理各种棘手问题的时候游刃有余。

普京曾经说过："一个人自信的资本，就是要认识自己。"如果一个人不能正确认识自己的能力，不能准确判断自己所处的环境与局势，那么他就不可能拥有真正的自信，他表现出来的不是自卑就是狂妄。真正自信的人不需要太多的言语，他们平静、从容、处变不惊，即使泰山崩于前也面不改色。

普京自任职以来，经历过无数次危机，但充分的自信使他能够从容地将问题一一化解。对于一个饱受争议的政治人物来说，阴谋暗杀是他们躲不过去的噩梦。而普京在任期中已经遭到过至少 10 次的暗杀威胁，在美国杂志统计的“世界暗杀目标排行榜”上，普京名列第二。1999 年，普京出任代总统不到两个月时，就遭遇了首次暗杀危机。当时，恐怖势力安排了杀手，打算在普京参加完导师葬礼之后对他进行刺杀。2002 年，普京出访阿塞拜疆时，险遭恐怖分子的炸弹袭击。恐怖分子还在普京上班、回家的必经之路上埋下炸弹，企图将他置于死地。面对数次死亡威胁，普京从来没有惧怕，在出访德黑兰时，他深知有可能遭遇暗杀，却仍然没有退缩。普京对外发表声明：“自从 1999 年开始，我已经生活在暗杀与威胁当中，但我从来不怕，也不会怕。”这就是普京的自信。

这种自信首先来自他对自己能力的认识，普京从小练习柔道，青年时期加入特工组织，有着坚强的体魄和顽强的意志。在政坛上的摸爬滚打，也使普京明白总统这一职位所背负的责任和承担的风险，清楚地认识到各种力量斗争所带来的危险。普京明白，害怕是不能解决问题的，更不能阻止危险的发生，他曾经自信地说道：“没有必要让那些事情干扰正常工作。如果害怕，那就干脆不要活了，我要让他们反过来怕我们。”

当然，自信并不仅仅体现在强硬的态度上，自信还会让一个人变得从容随和，却应变自如。例如，美国总统奥巴马对普京的印象就是：懒散，像一个坐在教室后面无聊的孩子。可是，这个“无聊”的孩子却从来不会忽略任何一个重要的问题。

普京骨子里有着柔的成分，更有刚的一面。他自己也清楚地认识到自己的刚与柔，更明白在什么情况下应该使用自己的这两种力量。普京用自己的实际行动告诉每一个人：不要害怕生活中的挑战，勇敢、坚强地去面对问题，客观、理性地去迎接可能发生的情况，在这一过程中不断地认识自己、积累自信，这样你就会变得越来越强大。

自信是成功的第一秘诀，对于任何人来说都不可或缺。而自信的第一步就是要正确地认识自己，充分发挥自己的优点，努力改正自己的缺点。然而在日常生活中，并不是每个人都能够真正地、全面地认识自我，因此我们走了很多的弯路，遇到了很多挫折。然而，正是这些弯路和挫折使我们成长，我们可以从中更好地认识自己、塑造自我，树立迎接一切困难的信心。

当机立断，珍惜时间

在普京的字典里，从来没有“拖延”两个字，只要是自己应该做的事，喜欢做的事，就要全力以赴地去做好。

普京可以说是全世界公认的最全能、最多面的国家领导人，似乎可以上天入地，无所不通、无所不能。只是，一个国家有那么多的事务需要处理，而一个人一天只有 24 小时，普京是如何利用有限的时间完成无限的工作呢？普京的秘诀就是：当机立断，珍惜时间，只要是自己想做的事，没有时间也要挤出时间来完成。

他曾经这样说：“做事越多，人就会得出这样的结论：还有许多事没有做。”这句话似乎是对普京生活的总结，因为他总是有很多任务要完成，很多计划要实现。中国古语有云：“今日事，今日毕。”普京同样深谙这个道理，他不允许自己将今天的事放到明天再处理。

在工作上，普京行事快速，面对问题的态度十分积极，这直接影响了俄罗斯整个国家的行事风格。在普京看来，有一些事情，必须当机立断，尽快完成，如果拖延一段时间再去做，情况也许就会发生变化，甚至得到与计划中完全不同的结果。

不论受到多少质疑，俄罗斯这种果断的行事作风仍然为自己赢得了赞叹。有研究员指出：“俄罗斯做事绝不拖泥带水，真正践行了‘唯国家利益是从’。”俄罗斯的这种行事作风其实与普京本人的风格是一脉相承的，普京不会给自己找借口，更不会给对手反击及思考应对的时间，而是说做就做。这种领导风格提升了俄罗斯应对紧急事件的能力，促进了国力的增强。

除了在工作上当机立断，对于自己喜欢的事情，普京就算再忙也会挤出时间去做。

2010年，巴什科尔托斯坦共和国总统送给普京一匹小马驹。看着那可爱的枣红小马，普京萌生了让女儿学习骑马的想法。但是，女儿对骑马似乎并不怎么感兴趣，学起骑马来也是三天打鱼两天晒网，反而是普京对这项运动产生了十足的兴趣。只不过，他实在太忙了，所以每天只能用休息的时间来骑着马跑几圈。可是，工作的繁忙与空闲时间的稀少完全不能成为阻挡普京的理由，他利用工作和用餐之间的一小段休息时间进行马术学习。有时候，忙得实在挤不出时间，普京便在吃饭的间隙去看一看自己的马，哪怕只是给它喂一根胡萝卜，他也会很满足。很快，普京学会了跨越障碍、盛装舞步等高难度的马术表演。当人们看到普京骑着马驰骋在马场上，展示着精湛的骑术时，无不感叹道：“真不知道这位总统还会些什么！”

实际上，重要的不是普京还会什么，而是他还想学会些什么。掌握一项新的技能对于普京来说简直是家常便饭，不论是柔道、射击等运动，还是他喜欢的赛车等，都是他利用挤出来的时间完成的。普京对这些爱好的态度绝对不是玩玩而已，他抱着要么不做、做就做到最好的态度，把每一件事都做得又好又到位。普京意识到，世界是如此丰富多彩，人生充满了无数可能，而人的时间却是十分有限的，因此只能抓紧一切时间来实现自己的想法。如果因为工作繁忙就放弃自己的个人生活，任何事情都因为“没有时间”而不去做，那么普京恐怕就只能变成一个只为政治忙碌，生活单调、毫无生机可言的无聊政治家了。

法国浪漫主义作家雨果说：“生活，就是知道自己的价值，自己所能做到的与自己所应该做到的。”普京用自己的行为充分诠释了这句话的含义。他清楚地知道自己的价值所在，更知道自己应该做什么、能做到什么。普京处理一切事务时都不拖泥带水，他认为时间是最宝贵的资源，浪费时间是一个人最大的不幸，因此他做事从不拖延。

有一位哲人曾经说过：“成功与失败的分水岭可以用这么五个字来表达：‘我没有时间’。”人们总喜欢用“我没有时间”当作偷懒的借口，哪怕是自己喜欢的事情，也很容易用一句“我没有时间”来一拖再拖。拖沓会使人懒惰，使人放松对自己的要求，往往终其一生仍然两手空空，什么都没有做成，到老时才后悔不已。上天给每一个人的时间都是相差无几的，区别只在于你要如何利用它。如果一个人懂得珍惜时间，懂得利用每一分每一秒来完成自己的事业，那么成功一定会在不远处向他招手。

懂得抓住机遇

托夫勒曾经说过：“一个明智的人总是抓住机遇，把它变成美好的未来。”这是因为，人生的良机往往稍纵即逝，如果你不懂得抓住这难得的机会，那么可能这一生都会活在遗憾当中。在普京的人生里，每一次可以决定自己命运的机遇都被他牢牢地抓在了手里，所以，今天的普京才可以这样内心坦然、人生得意。

机遇虽然诱人，但它的出现却经常伴随着风险。很多人因为害怕风险、害怕面对失败所带来的后果，而与机遇擦肩而过。但是，普京却不这样，他从来不惧怕任何困难和风险，而是牢牢把握可以改变命运、通向梦想与成功的机遇。不论是他就读于列宁格勒大学，还是最终涉足政坛、走向今天的总统之位，都得益于他这种不惧困难，懂得抓住机遇的精神。

普京还在读中学的时候，就梦想着成为一名克格勃。他的学习成绩虽然并不拔尖，但是对这方面的事却总是保持浓厚的兴趣。他当时的朋友、同学都知道，普京的愿望是成为一名间谍。有一天，一位同学告诉普京：“我们的同学维佳·鲍里先科的爸爸就是克格勃，你可以去请他帮你引荐。”这当然是个好的提议，如果想进入一个组织，有人引荐总是最好的。但普京却认为，与其绕远去求别人，不如自己直接去找克格勃的负责人自荐。

普京是这样想的，也是这样做的，为此，他特别请了一天的假，去当时克格勃的办公大楼。他围着大楼转了一圈，却发现整座大楼都是封闭的，进不去。就在这时，他看到门口走出一个人，便立刻走上前去询问。那个人的心情很不错，问了普京来这里的目的，然后告诉他："你要去接待处才行，这里不管接收学员。接待处就在柴可夫斯基大街，不过今天可不是接待日。"虽然如此，普京还是去了柴可夫斯基大街，为的就是打听接待日的时间。

在接待日当天，普京早早赶了过去。接待人员看到他还是一名中学生，就告诉他："你还是先去上学吧，我们这里一般不会接收自己来报名的人，你至少要读完大学，或者服完兵役，然后再进入国家安全部门的专业学校学习，最后才能进来。"普京坐在那里想了一下，又问："如果是考大学，什么样的大学最有可能进入克格勃？""当然是专业的法律学校，最少也要是法律系才行。"接待人员对普京讲了很多。后来普京想起这件事，说道："当时的我只是一个普通学生，但他并没有三言两语把我打发掉，而是将我带进办公室，和我谈了半小时的样子，为我讲述了进入克格勃的几种方法。"

这一次的经历，让普京看到了实现自己人生理想的途径，那就是：读大学，进入克格勃。为了更有把握，他下决心一定要读专业的法律大学，那就是列宁格勒大学。他怀着十分激动与殷切的心情，去了解了列宁格勒大学的课程、考试科目等相关信息。

不过，普京的朋友和亲人听说他下定决心要考列宁格勒大学时，都有些为他担心。因为，以普京当时的学习成绩，想考上这所几乎是全国最好的大学难度很大。如果考试失败，普京就必须去服兵役，这样一来他就离自己的梦想更加遥远了。当时普京的教练告诉他的父母，说自己可以帮助普京进入列宁格勒金属工厂的技术学校，这样可以让他免服兵役。但是，普京十分坚定，他知道自己如果想要进入克格勃就必须考取列宁格勒大学，否则就会与自己的梦想失之交臂。父母问他："如果考不上大学，你就要去当兵了，怎么办？”普京义无反顾地回答道：“当兵就当兵，没什么可怕的。”

就这样，普京开始为自己的目标而奋斗，他后来这样评价自己当初的决定：“在我的人生中，有几件事情需要我倾尽全力，为之奋力一搏，这就是其中一次。它需要我立刻做出决定，要么开始新的人生，要么考不上而完蛋，就是这样。”最终，普京顺利地进入了列宁格勒大学法律系，实现了自己人生最初的梦想。这是普京为自己的人生做出的第一次决定，他不仅看到了机遇，更为自己创造了机遇，并且用十足的胆量和勇气去面对风险与挑战，最终获得了成功。正是这次机遇，将一个充满梦想的年轻人带向了他所向往的未来。

在普京的一生中，机遇总是与挑战并存，而他总是勇敢地抓住机遇，并且一步步实现了自己的人生抱负。在他初入政坛时，就只用了短短几分钟的时间做出了人生中的重大决定，抓住了能够改变一生命运的机遇。

1990 年，普京从德国回到俄罗斯，在自己的母校列宁格勒大学任职。有一天，他在办公楼的走廊里遇到了自己的老师索布恰克。索布恰克是当时非常有名的政治家，他反对苏联政权，正在筹划成立新的政权。索布恰克当时正缺少一个得力的助手，遇到普京的时候，他想到：虽然普京在国外工作多年，很久没有联系，但他能干而又机警，不正是自己需要的人才吗？于是索布恰克便询问普京是否愿意来自己身边工作，并为他讲解了自己的政治抱负，普京了解了情况之后毫不犹豫地答应了下来。两人的谈话只持续了短短的几分钟，但就在这短短几分钟的时间里，普京便决定了自己以后的人生方向。此后，普京跟随索布恰克进入政府行政部门工作，只用了 10 年的时间，便成为了俄罗斯的最高领袖。

大作家狄更斯曾经说过：“机会不会上门来找人，只有人去找机会。”很多人面对机会时，都会感到紧张、不安，不敢面对里面蕴藏的风险，从而错过了稍纵即逝的机会。而普京却在机会来临时，果断地抓住机会，并为之付出一切，向着自己的目标奋力拼搏。抓住机会也许意味着一场冒险，但成功总是与冒险相辅相成，只有敢于冒险才能最终成就与众不同的人生。人生的机遇有时就像一场赌注，只有勇敢、坚强的人才能得到最好的结局。如果你没有勇气面对挑战、迎接风险，那么也许永远也无法接近自己的梦想。

真正的男人要不断想办法

人生中难免会遇到各种困难，重要的是当你遇到让人焦头烂额的事情时，是选择坐以待毙，还是不断想办法解决问题。不同的行为会导致不同的结果，被动与主动必定会引向两个截然不同的结局。普京认为，真正的男人要不断想办法，唯有如此，才能够顺利解决问题；也只有如此，才能彰显一个男人强大而不屈的精神。

对于普京来说，人生就是由一个又一个的难题组成的。但是，不管在什么样的情况下，不管遇到什么样的难题，他都会不断地想办法来解决，从而保护自己的安全、维护国家的利益。

普京这种遇到困难决不放弃的精神早在他在德国做克格勃时就已经显露出来了。当时，普京经常遭到德国安全人员的跟踪，每次遇到这样的情况，他就要不断地想出一个又一个方法将对方甩掉。有一次，普京单独去完成一项任务，没想到在与对方接头的时候，发现了跟踪者的影子。这显然有暴露自己身份的危险，普京的脑子飞快地运转着：对方只有一个人，如果自己这一方人手够多，他就不敢贸然动手。于是，普京坐在车中，将自己的礼帽扣在副驾驶的座位上。这样一来，外面的人会觉得这辆车里好像有两个人，因此，跟踪者只是紧紧地跟在车后，并没有冲普京下手。普京就这样一直将车开出了城区，并成功将对方甩掉了，安全地躲过了一劫。

如果说这一次的成功还有一些幸运的成分在，那么在面对国家事务时，普京则充分展现了自己善于动脑、善于想办法的优秀品质。

2000 年，普京就任俄罗斯总统，当时他面对的是俄罗斯从苏联中分裂出来，国家面积和资源都急剧减少的现实。这些情况让普京不得不重新衡量俄罗斯在国际社会的地位和角色。他明白，苦苦坚持苏联的大国情结是没有任何意义的，不但无法帮助俄罗斯复兴，反而会拖累国家发展的步伐。但是，如果俄罗斯想重新回到世界强国之林，就必须不断增强自己的综合国力，不能甘心当一个国际社会的“弱者”。于是，俄罗斯放下了大国的架子，不再做超出自己国家实力的行为。在外交上，普京推行现实主义外交政策，以独联体、亚洲、欧美为三大发展方向，东西兼并，展开务实外交战略。2002 年，俄罗斯外交基本实现了转型，从而改变了一直以来自己在国际社会上“小马拉大车”的形象，同时促进了俄罗斯经济的发展。

在遇到困难时保持冷静、不断想办法解决问题是一种十分珍贵的品质，甚至有可能在危难当中为自己创造一线生机。科幻电影《火星救援》就讲述了一个独自被困在火星的宇航员，面对严酷的环境、死亡的威胁，不放弃希望，不断解决一个又一个的问题，最终成功返回地球的故事。对于这位宇航员来说，他的目标只有一个，那就是活下去，活着回到地球。因此，他要做的事情也很简单，那就是解决一个又一个有可能会让自己死掉的问题：食物不够，他就想办法种植作物；水不够，他就想办法自己制造水；住的栖息舱发生了意外，他就想办法修复舱门；无法与地球取得联系，他就想办法修好已经损坏的通讯工具……他利用自己掌握的科学知识和灵活的头脑解决了一个又一个看似不可能解决的问题，最后终于成功地回到了地球，成就了一个奇迹。

在西方，有这样一则非常著名的寓言：有一只狮子被猎人抓住之后，关进了一只铁笼里。狮子来回地走动，想要找一个方法逃出去。这时，一只蚊子飞过来，说：“你只走来走去的有什么用？”狮子说：“我正在想办法。”可是，不管狮子怎么绞尽脑汁，却依旧想不出逃走的方法，最后干脆躺在笼子里不动了。这时蚊子在一边不住地问：“想出办法没有，你怎么又不走了？”狮子说：“我因为想不到办法，所以要休息，正在耐心地等待机会。”蚊子还在一边不断地说个没完，狮子终于失去了耐心，大声吼道：“你永远这样问有什么意义？我知道自己在做什么，所以我一直在想办法，就算我最后想不出逃走的办法，但我确定自己尽力了，不像你就只知道问来问去，毫无方法可言。”这只狮子即使最终无法从猎人的手中逃脱，但它为之付出了努力，因此它不会留下遗憾。

普京曾说：“哪怕是一只狮子，一旦失去冷静而不能寻找方法，也会最终变成一个弱者。”在问题面前，普京就是故事中那头被关在笼子里的狮子，始终保持着理智与冷静，不逃避问题，而是不断寻找方法，用清醒的头脑做最多的努力。2004年，普京在克里姆林宫召开记者招待会的时候，有一个记者问他：“俄罗斯到底有没有言论自由？在哪里言论自由更多一些呢？是首都还是地方？”普京很平静地回答：“有一部很著名的意大利电影，其中有一句台词：‘真正的男人要不断想办法，真正的女人要不断挣扎’，你应该按这个原则去看待言论自由。”

其实，很多事情都是这样，如果在面对困难时你自己先放弃，认为这个难题是无法解决的，那么即使解决的办法真的存在，对你来说也没有任何意义。相反，如果在困难面前能够保持清醒，用冷静的头脑去思考问题，努力寻求解决的方法，那么哪怕最后没有成功，但你也可以没有任何遗憾地接受这一结局，因为你已经用尽了全力。然而，很多人都缺少这种不断想办法解决问题的品质，在遇到困难时往往焦头烂额，完全凭运气左冲右撞，最后往往彻底失去了方向，更不可能获得成功。在人的一生中，一定会遇到各种各样的困难，只有不断想办法才能让你绝处逢生，否则等待你的一定是失败。

疯狂人生向上，憋屈人生向下

每个人都有自己的个性，或坚韧或软弱，或强硬或消极。不同的个性，造就不同的人生，你有怎样的个性，便会迎来与之相对的人生。不过，在普京的身上，你绝对看不到单一的个性，他完全不按常理出牌，更让人抓不住任何规律。所以，很多人说普京很“疯狂”，但也正是这样的“疯狂”，才让他的人生不断向上，最终步入巅峰。

很多人都认为，普京是一个“疯狂”的人。普京还在德国做克格勃的时候，他“疯狂”的行为已经为自己的人生增加过亮点。

1989年，柏林墙倒塌，民主德国乱成一团，东德的居民更是常常围攻政府部门，当时普京正在德国工作。有一天，普京所在的克格勃办公楼被人群围堵。要知道，这栋办公楼里不仅有克格勃的工作人员，还有许多重要的机密文件，如果被人发现，不仅会暴露普京的身份，更会使克格勃在德国的工作全部暴露。面对这样严重的威胁，普京首先给附近的苏联军事基地打电话求助。但是，对方在电话里只告诉他一句话：“没有莫斯科的命令，我们不能干预。”这也就是说，没有人能来救险了。面对危机，普京个性中“疯狂”的一面被激发，他决定自己采取行动进行自救。面对在办公楼外面围堵的人群，普京态度强硬地说道：“这里是苏联军事机构，请你们注意，如果有谁硬闯进来，我们就会对所有闯入者开枪。”这句强硬的声明吓住了前来闹事的人群，没有人敢小看这个身材不高却强硬不可冒犯的年轻人。围攻群众既不敢贸然前进，又不甘心就这样撤走，于是双方就这样僵持了很久，直到苏联军队赶到，人群才不得不散去。普京就这样用看似疯狂的行动，保护了自己与同事，更保护了国家的机密。

有人认为，一个人的身份会影响他做事的方法，甚至塑造一个人的个性。也许有人会说，作为克格勃的普京，面对这样的危机情况做事果敢冲动是很正常的，并不能说明他本身就有着“疯狂”的个性。然而，普京在当了总统之后，仍然做出了许多惊心动魄的事情，这种情况在其他领导人身上是很少见的。因此，对于普京来说，身份并不是影响他做事风格的决定性因素。

2000 年元旦，在这个全世界人民都在家中与家人庆祝佳节的日子里，俄罗斯士兵还在前线与敌人对峙。当时，除了他们的家人，没有人想到这些为保家卫国做出贡献的士兵，但普京却想到了。普京做出了一个在别人看来十分疯狂的决定：他带着柳德米拉，穿过被炸弹炸得坑洼不平的道路，颠簸了两个小时，在 12 点的钟声快要响起的时候，来到了战士们的面前。他的突然到来让士兵们惊呆了，因为从来没有哪个国家领导人会在这样的时刻，冒着生命危险，来到距离敌方几百米的营地与战士共同庆祝节日。而普京却一点也不在乎，反而轻松地对大家说：“就是这样，新年我们要一起过。”

这只是普京做过的许多“疯狂”事件中的一件。2008 年 9 月，普京去西伯利亚国家公园观看西伯利亚老虎时，遭到了老虎的攻击。那一瞬间，所有人都吓得愣住了，完全不知道要怎么应付。就在大家手足无措的时候，普京果断地举起了麻醉枪，面无惧色地向老虎开了一枪。麻醉枪很快就起了作用，普京也没有受到伤害，大家这才松了一口气。之后，普京还与国家公园里的科学家一起，为老虎戴上了卫星跟踪项圈。在离开的时候，普京亲切地吻了吻这只差点伤害到自己的老虎的额头，与它依依不舍地告别。这一事件让俄罗斯的民众见识到，自己的总统不但能力非凡，而且个性也胆大如虎。

对于普京来说，“疯狂”并不是丧失理智的乱来，而是面对危机时的自信、果敢和无所畏惧。人们常说：“疯狂人生向上，憋屈人生向下。”普京显然选择了前者，他曾经说过：“如果有什么事情阻碍我，我就将其除去。”从中可以看出普京的果敢与坚强。普京用不羁点燃生命的热情，用狂放铸就人生的梦想。不论是曾经的克格勃还是后来高高在上的一国元首，普京始终保持着一种向上的“疯狂”，并不断攀登着人生的巅峰。

男人要具备狼性般的应变能力

人生多变，不论身在何处，都没有人知道下一秒会发生什么。当变化到来之时，你能否快速而积极地应对，才是对能力的最终考验。也就是说，一个人只有具备了快、准、狠的狼性应变力，才能应对突如其来的人生变化。唯有如此，你才能在万变之中立于不败之地；唯有如此，你才能于人生纷扰之中始终保持向前。

狼是一种智慧而又勇敢的动物，它们行动时快、准、狠，在面对敌人或绝境之时，它们总能从中寻找到生路，最终出奇制胜。想要在狼的世界中生存下来，除了要有坚忍不拔的精神之外，更要有超乎寻常的应变能力。狼有着与生俱来的应变能力，不论在什么样的环境下，不论遇到怎样的艰险，它们总能成为自己命运的主宰。世界政局风云变幻，身在其中的人必须要有一种狼性般的应变能力，才能在风云莫测的局势中始终立于不败之地。

在普京身上就体现出了这种超乎常人的应变能力，靠着这种狼性般的快捷应变力，普京轻松化解了许多尴尬，解决了许多问题。在治理国内金融寡头问题时，普京就已经展现出了这种能力。他知道，寡头们与俄罗斯政坛，甚至与叶利钦家族都有着难以分割的复杂关系。只要自己向寡头们下手，就必然会牵扯到叶利钦的利益，甚至还会为自己招致“过河拆桥、不知感恩”的骂名。面对这样的棘手情况，普京决定声东击西，他利用各种手段逼迫金融寡头别列佐夫斯基自动辞去议员职务。这样一来，这位金融寡头就与政治没有了牵连，让叶利钦放下了心中的顾忌，从而使他对于普京处置金融寡头的看法也缓和了。紧接着，普京又宣布，为了国家的发展，寡头必须退出政治，同时严厉查处在政治经济中浑水摸鱼的寡头。消息一出，立刻得到了俄罗斯广大民众的支持。这是因为长久以来，民众都认为寡头的贪腐是阻碍国家发展的根本原因。这一行动让普京的民意支持率得到了空前提高，迫于舆论压力，叶利钦也出面表示支持普京的行动。在各方面的支持下，普京很快整治了俄罗斯几大金融寡头，不但没有影响到自己与叶利钦之间的关系，而且进一步提升了自己的政治实力。叶利钦也表示他认为普京是俄罗斯最佳的总统人选，他在评价普京时这样说："国家需要这样的人。"

还有一次，在普京答西方记者问时，一位记者问道："就在前不久，希拉里说，你之前是为克格勃工作的，你是没有灵魂的人，不知你对此有什么样的看法？"普京立即回答记者："我认为，对于一个国家来说，国家领导人最应该具备的首先是头脑。"普京的这句话，不但化解了尴尬，同时也对希拉里给自己的评价进行了有力的回击。这一事件无疑体现出他超强的灵活应变能力，这种能力不但得益于普京优于常人的天赋，更与他后天的学习和工作经历有着密切的关系。普京将先天智慧与后天习得完美地结合在了一起，为自己打造出他人远不能及的狼性般的应变能力。

当今社会，应变能力不但是对信息的有效整合，更是对理性的准确运用。如果没有冷静、果断的理性思维，这种应变能力就会大打折扣。普京正是运用了自己独有的强硬加之理性与果敢，在关键时刻将困难化解、将危险解除。

狼性般的应变能力可以帮助自己战胜困难，更可以使人生走向成功。一旦遇到意外情况，一个人只有表现出高度的冷静和强烈的自信才能够应对自如，将命运把握在自己的手中。如果情绪过分激动或者紧张，反而会阻碍思维活动，使自己陷入困境。当然，这种应变能力并不是很容易得到的，你必须拥有强大的自信和灵敏快捷的思维。在现实生活中，没有人可以经历普京式的人生阅历及磨炼，但只要不断地自我检查、自我监督、自我锻炼，遇事时学会沉着冷静，就一定能培养出良好的应变能力。

讲求实干，务实赢得认可

只有以强大的实力去认真完成自己任务的领袖，才会赢得他人的尊敬。苏联军事家克雷洛夫说过：“这样的人更值得尊敬：他默默无闻地躲在暗地里，在漫长的辛苦日子里默默地劳动，得不到光荣也得不到表扬，只有一种思想鼓舞着他的勤劳，那就是他的工作对大众是有益的。”显然，务实会得到所有人的认可。只有实力派领袖才能做到这样毫不张扬，让人心服口服。

很多人在谋求成功的道路上都会这样想：“我要通过什么方法才能更快地出人头地？我要靠什么样的关系才能取得理想位置？”

这些人往往只擅长夸夸其谈，不愿付出努力而奢望轻而易举地获得成功。这样的人不但得不到他人的认可与尊重，相反等待他们的往往是失败的命运。

普京就任俄罗斯总统以来，时刻都在这样约束自己：务实，注重实效；用实力说话，不空谈。在普京上任后的 8 年里，他就对俄罗斯境内进行过 206 次访问，做过 5000 多次发言，平均每年 145 次会见国外来访人员，这些数据还不包含电话访问和突发情况。

此外，普京任职期间对外国的访问也是不计其数，单单参加各种形式的独联体峰会就有 60 多次。因此，在俄罗斯民众心中，普京是最务实、最讲求实干的总统。他向来以实力说话，从来不用空洞的形式主义来欺骗人民。

普京的务实风格与他的出身有着一定的关系，他从小生长在普通的工人家庭，对于平民的生活有着最为深刻的体验。他知道人民希望得到什么样的生活，知道人们最需要什么样的领导来带领自己改善生活。因此，在任职期间，他最不满意的就是只会说空话而毫无作为的人。

普京曾经因为官员们在旧房改造问题中的长篇大论而生气，怒斥道："为什么要把这一切弄得这么复杂？问题的重点就在于老太婆要饿死了，她需要我们的帮助！"这其实就是人民最想表达的意思，也是他们最希望领导人重视的问题，没想到这位务实的总统能够替他们说出自己的心声。正因为普京时时刻刻将民众的实际需求放在第一位，他的支持率才会一直居高不下，并且在第二次竞争中获得胜利，重回克里姆林宫。

普京的务实不仅表现在为人民着想上，更体现在外交的兢兢业业上。外出访问时，普京从来不顺便观光，并不是因为他对异国风光毫无兴趣，而是因为他的心思与精力全部都用在解决外交问题上了。他在任职期间，通过自己的努力，成功解决了俄罗斯与德国之间一直纠缠不清的债务问题，将俄罗斯欠德国的 90 亿美元外债减少到了 5 亿欧元，然而这一数目对于当时的俄罗斯来说仍然是非常沉重的负担。

但是普京明白，对外债务必须要偿还。面对这一难题，普京需要想出一个最有益于国家利益的解决方式，这才是最考验国家领导人实力的地方。普京选择偿还德国债务之时，正值德国遭受水灾之际，这一行为让德国领导和德国民众都感觉到了俄罗斯的善意。此举增进了两国之间的关系，从而让俄罗斯将天然气输送到欧洲的计划得以顺利实施，并从中获得了丰厚的利润，人们都称赞此举是在为未来投资。俄罗斯民众从中真切地感受到了这位总统不容置疑的实力，国家由这样的人来领导，让人心服口服。

普京不但要处理本国与外国之间的关系，而且还非常重视国民经济收入的提高问题。普京上任伊始，俄罗斯人民每个月的退休金只有400卢布。而现在，经过普京一系列政治、经济政策的推动，人民的退休工资升到了1400卢布。

俄罗斯新闻社的评论文章中就这样评价普京：俄罗斯人民已经将普京看成经济、政治双重的保障，他是所有俄罗斯人的希望，更是人们崇拜的偶像。

这位颇具实力的国家总统，不仅在治理国家上让民众信服，在为人处事上也一样让人们心悦诚服。普京虽然身为总统，却从来不把自己视为高高在上的人物，不论与什么样的人在一起，都会保持尊重与谦让。

有一次，普京到一处工厂进行视察，他对工人们说："你们有什么问题就说出来，我在这里立刻给你们解决。"

可是，没想到其中一位工人却看着普京手腕上的手表说："能把你的手表送给我吗？"普京有收藏手表的爱好，他有许多名贵的手表，包括当时手上佩戴的那块。

听到这位工人的请求，他并不想把自己心爱的手表送人，于是就用其他话题来转移工人们的注意力，他问道："大家对现在的工作还满意吗？有没有需要改进的地方？"可那位工人依旧执着地注视着普京的手表，再一次问道："能将你的手表送给我吗？"

普京看看那位工人，再看看周围注视他的人，终于将手腕上的表摘下来，放在了工人的手里。他在视察完毕要离开的时候，还特别嘱咐身边的人："不准把手表拿回来。"

这就是普京，言出必行，一定要信守承诺。因为他明白，要想获得人民的爱戴不能投机取巧，只有兢兢业业，一步一个脚印靠自己的实力来说话。正是依靠这样的实力和诚信，如今普京的民众支持率已经达到80%。

其实，道理很简单，不论你在什么样的环境中，不论你处在什么样的地位，只有真才实干才是安身立命之本。普京十分明白这一道理，因此他选择用实力说话，最终打动了民众，获得了民众的拥护与支持。

身先士卒，敢于去啃“硬骨头”

一个真正的男人必须要有强大的内心，在困难面前不惧失败，在别人不敢动手时，有敢于啃“硬骨头”的勇气。普京就是这样一个敢于去啃“硬骨头”的人，他曾经这样说：“我的确有种不服输的精神，不管做什么事，不论对手有多强壮，打败他就是我的第一个目标。”因此，在普京的世界里没有攻克不了的困难。

面对困难与挫折时，只有充满勇气的人才能占有先机。如果在困难面前畏首畏尾、垂头丧气、瞻前顾后，那么，你只能离成功越来越远。普京绝对不是这样的人，一直以来，他都遵循这样一个法则，那就是敢于直面问题，敢于去啃“硬骨头”。就像普京那句有名的人生座右铭：“如果有什么事情阻碍我，我就将其除去。”

早在普京初涉政坛的时候，人们就已经见识到了这个善于运用铁腕铲平问题的年轻领导人的魄力。俄罗斯人民深深记得，当初他被叶利钦提名，出现在人们面前时，几乎所有的人都认为这是一匹绝对的“黑马”。初出茅庐的普京已经显示出了自己的铁腕风格，他行动果敢、勇为第一，为自己打造出了强大的光环。他就像一个救火队员一样，利用自己在克格勃时锻炼出来的工作能力和多年的政府基层工作经验，拿着叶利钦交到他手中的权力，锐意改革、励精图治，让俄罗斯在短短几年飞速发展，也为自己赢得了俄罗斯半数以上民众的支持。

普京不但能力超群，而且面对棘手的问题时有着非同一般的勇气。在政治方面，他一上任就严厉打击恐怖组织，不但取得了良好的效果，而且让俄罗斯社会得到了久违的安定。在经济方面，普京大胆进行经济改革，对叶利钦时代的“休克疗法”进行了纠正，这在之前乃至现在都是人们所不敢想象的。叶利钦是俄罗斯的前任总统，他对普京有知遇之恩，与国内经济有着千丝万缕的联系。这一行动是牵一发而动全身的，但普京顶住了这巨大的压力，不但打击了试图控制俄罗斯的寡头，更给国民带来了前所未有的光明和希望。

生活中，谁都可能遇到困难，遇到一些难以轻松跨过的坎儿。有的人习惯于面对困难想办法克服，绞尽脑汁也要找到解决的办法。而有的人则习惯于寻找借口。但借口只能让人逃避一时，不能让人如意一世，结果，他为自己找到了借口，却失去了别人的信任。

失败者整天把时间花在借口上，为此他失败了；而成功者相反，他们把大部分时间花在如何才能成功上，一直在不断地寻找成功的方法，所以他成功了。习惯不同，结果迥异。

一个富人见一个穷人很可怜，发善心愿意帮他致富。富人送给穷人一头牛，嘱咐他好好开荒，等春天来了撒上种子，秋天就可以远离贫穷了。

穷人满怀希望地开荒，可是没过几天，日子却比过去还难以维持，因为牛要吃草，人要吃饭。穷人盘算着：不如把牛卖了，这样的话，还可以换一些钱来买几只羊。可以先杀掉一只羊自己吃，剩下的还可以生小羊，长大了再拿去卖，可以赚更多的钱。

穷人的计划付诸了行动，只是当他吃了一只羊之后，小羊迟迟没有生下来，日子又艰难了，他忍不住又吃了一只。日子仍然很艰难，穷人看到这样的情况，又开始动摇了，心想：不如把羊卖了，换成鸡，鸡生蛋的速度要快一些，鸡蛋立刻可以赚钱，日子立刻可以好转。

穷人的计划又付诸行动，但是日子不但没有变化，反而越发艰难了。他又忍不住杀鸡，在只剩下一只鸡时，穷人的理想彻底破灭了。穷人心想："唉，我这辈子致富是无望了，还不如把鸡卖了，打一壶酒，三杯下肚，万事不愁。"

很快春天来了，发善心的富人兴致勃勃地来送种子，赫然发现穷人正就着咸菜喝酒，牛早没了，依旧是一贫如洗。

面对困境时，一个人做出的抉择就决定了他日后的发展道路。如果一个人不畏艰险，勇敢向前，那么成功一定会在不远处向他招手；如果一个人胆怯退缩，畏首畏尾，那么失败也就离他不远了。优秀的男人应该学会普京一样的果断、勇敢，不因循守旧，也不畏首畏尾，踏着坚毅的脚步一路前行，才能成就自己光明、美好的未来。

Vladimir

Putin

法则三

坚持到底，蜗牛也能爬上金字塔

“重要的是结果”

“结果”对于所有人来说都有着重要的意义，没有结果的事情不但有头无尾，更师出无名。只有当一件事情有可能取得良好的“结果”时，才会使实行的人充满向前的动力。这就如同拿破仑所说的：“支撑人类生存和发展的一个重要因素就是欲望，只有那些拥有欲望的人，才会产生不断奋斗的勇气和决心。”而这欲望，恰恰就激励着我们去追求“结果”。

每个人都会有这样的感受：如果你十分渴望一件事物，或者想要达到一个目的，那么你就会为达到这一结果而坚持不懈地奋斗。我们想要达到的各种“结果”其实就组成了我们的人生目标。而看似单一的目标，实际上与其他很多目标联系在一起。当你完成了一个目标、达成了一个结果的时候，可能同时为自己开拓出了新的人生道路，从而改变了自己一生的际遇，改变了人生的“结果”。

普京的经历就是很好的例子。普京少年时的目标是练习柔道，没想到练习柔道这一单一的目标却让他领悟了许多道理，这些道理让他在大学中、进入克格勃甚至入主克里姆林宫时都受益匪浅。普京最早学习的是摔跤，后来他逐渐了解到柔道的优势，从而改学柔道。没想到的是，普京在接触柔道之后，从中学会了坚韧不屈的人生道理，更悟出了永不服输的拼搏精神。普京在每一场柔道比赛中都全力以赴，虽然不一定每一次都能得到冠军，但他永远会为比赛付出百分之百的努力。哪怕比赛最后以失败告终，普京也从不会认输，他认为自己总有一天可以将对手打败。

柔道比赛是十分残酷的，不但训练十分艰苦，而且很容易受伤。普京为了提高自己的柔道技艺，一直十分刻苦地进行练习。对于训练中的辛苦他从不抱怨，而且不需要别人的督促。他常常到列宁格勒郊外的基皮亚维湖体育馆进行训练，那里有一个宽 17 千米的湖，普京每天早上都会绕着湖跑一圈，然后再练习柔道。训练的强度超出了普京当时的年纪所能承受的范围，每次训练结束后，普京都会精疲力竭地瘫倒在地。但是普京从不怕苦，也并没有因此减轻训练的强度，就像他自己所说的那样："如果你想要成为胜者，那么在任何一次对打中，都要咬牙坚持到底。"

正是柔道运动的艰苦使普京从中学到了竞争的重要性，并且培养出了顽强的意志力。他认为人生中的很多事情都像柔道一样，不论成败都要用实力说话。只有拥有不服输的顽强品格，才能达到人生中的伟大目标。普京曾经与世界柔道冠军沃洛迪亚·卡列宁进行比赛，他们当时所争夺的就是列宁格勒市的柔道冠军。普京很清楚，沃洛迪亚·卡列宁可不是好对付的，因此在训练时格外用心。当普京最终用自己优美的动作将卡列宁从背上摔倒在地时，赢得了全场的掌声。原本，比赛到此就该结束了，但裁判却有意不停止比赛，因为世界冠军卡列宁倒地了，这会让人们心里难以接受。于是比赛继续，虽然普京没有被摔倒，但卡列宁的力气远远超出普京，每一次下手都又重又狠，让普京疼得叫出声来。这时裁判便果断喊停，判定卡列宁获胜。可是普京并没有因此愤怒，因为他认为自己是与冠军进行对决，就算输了也值得骄傲，所以他非常平静地接受了这个结果。

普京的柔道教练这样形容他："尽管普京平时总是一副文质彬彬的样子，但只要一走上训练场，他就立刻变了一个人。他在与对手比赛时从不妥协，不过，当比赛结束之后，他很快就会回到那个文质彬彬的模样。"

这才是一个领导人应该达到的境界：赛场之上有斗士的勇猛，赛场之下则有思想者的智慧。

普京成为总统之后，回忆起自己小时候的柔道训练时这样说："我小时候有些好动，却发育迟缓，有时为了赢得比自己高大的对手的尊重，就不得不提高自己的能力，所以我开始爱上了拳击。但是，拳击会让我经常鼻血直流。没有办法，我又改学了柔道。柔道改善了我的个性。以前我与伙伴对峙就只知道用拳头说话，可是练习柔道之后，我更喜欢讲道理了。体育不但改变了我的人生观和价值观，也让我学会了尊重伙伴。同时，体育更给了我永不服输的执着精神，所以，我从来不完全赞同'重在参与'这句话，因为我一直认为，结果才是最重要的。"

普京最初学习柔道就是为了打倒对手，但是在这一目标和结果的引导之下，他却从中获得了许多其他收获，从而达到了更高、更远的目标。可以说，一个良好的目标，一个可督促自我向前的结果，对于个人品质、人生道路来说有着至关重要的作用。于目标中学习人生，于结果中探知未来，这才是结果最为重要的地方，普京从柔道中学到了这一点，并将它告诉所有的人：如果你想要成功，那么最重要的事就是去达成自己心里最渴望的结果。

有毅力就会有奇迹

每个人都有自己的梦想，可是，梦想最终会不会实现，一半取决于你的实力，另一半还取决于你的坚持。如果你没有毅力去为梦想努力，那么未来很可能就会一事无成。对于普京来说，他非常明白毅力意味着什么。毅力不仅关系到自己远大的理想抱负，更关系到整个俄罗斯美好的未来。因此，他始终坚定不移地用顽强的毅力谱写明天的奇迹。

当面对一个遥远的目标时，你会不会因为目标的遥不可及而退却？当你沿着目标前进时，又会不会因为目标的迟迟不到来而放弃？如果答案是肯定的，说明你是一个缺乏毅力的人。如果没有毅力，许多梦想永远都只能是虚幻的海市蜃楼。在获得成功的大道上，毅力是唯一的通行证。只有锲而不舍地坚持下去，那些未知的可能才会变成奇迹，你的人生抱负才能够一一实现。

可以说，普京的人生就是用“毅力”二字书写而成的，在他的字典里找不到“退缩”。这并不是说普京面对困难时不知后退，更不是说他自认为凭借自己的力量可以打倒一切困难，而是说普京比任何人都懂得用毅力来坚持对梦想的追求。他明白所谓的奇迹背后，不过是一次又一次的坚持而已。

普京在做克格勃时，俄罗斯的国情已经陷入了颓势，人民的生活水平急剧下降，俄罗斯的国际地位也一落千丈。普京深深明白强大苏联的解体给人民带来的影响，这让他内心无比沉重，那种强烈的忧患意识，在普京心底慢慢生出根来。然而，当时的总统叶利钦并不是彼得大帝，也不可能成为俄罗斯民族的救世主。俄罗斯的发展持续倒退，在世界人民的心目中，俄罗斯已经不再是昔日那个强大的帝国，甚至有人这样嘲讽俄罗斯："俄罗斯人必须要抛弃过去的帝国思维，因为它已经不再是超级大国，而只是非洲的上沃尔特。"上沃尔特是什么地方？它其实就是非洲的一个小国家，把俄罗斯比作上沃尔特，就是在警告俄罗斯人民：过去的荣耀已一去不返。

这是俄罗斯人民所不能接受的，更是普京所不愿看到的。所以，他的心底萌生出了改变俄罗斯命运、还俄罗斯一个奇迹的野心。普京在叶利钦的手下蛰伏良久，不遗余力地为自己的梦想运筹帷幄，为的就是有朝一日能够使俄罗斯重新回到世界强国之林。叶利钦在普京身上看到了巨大的潜力，更在这位年轻人身上看到了不可战胜的毅力。于是，叶利钦退位后，将克里姆林宫的位置留给了普京。

普京刚一上任就致力于扭转俄罗斯的政治经济局面，他首先要做的是让人民摆脱贫困。他说道："不能再不顾及老人们的死活，也不能再对贫穷儿童的哭泣无动于衷！"所以，他努力打造适合当时国情的发展目标，从经济、民生各个方面进行大刀阔斧的改革。当他要严厉制裁那些金融寡头，大力打击贪污腐败的时候，有行政官员告诉他："俄罗斯就是一个内外都已经出了问题的国家，你想要给它动手术，那是绝对行不通的。"但普京却不以为然，他更愿意相信自己的能力、相信自己的判断，他认为只要所有人都像自己一样拥有顽强的毅力，就没有攻不下的难关、完不成的目标。于是，普京对金融寡头们下手了，他把那些当时显赫一时的人物送进了监狱，甚至将与叶利钦相关的寡头法办，赶出了俄罗斯。普京的强势做派震惊了整个俄罗斯，人们不敢相信，这个刚上任的总统竟然可以如此强硬地处理政府积聚多年的顽疾。人们终于对俄罗斯的未来充满了希望。

普京的毅力不仅体现在经济改革上的大刀阔斧，更体现在外交上的纵横捭阖。他与不同的大国进行斡旋，不惧西方国家施加的压力，始终坚持守护俄罗斯的利益。通过由近及远的外交拓展，并且让俄罗斯的身影不断出现在国际舞台上，普京终于使俄罗斯的国际地位得到了提高。当俄罗斯人民再次想起这位总统竞选过程中所讲的“给我二十年，我会还俄罗斯一个奇迹！”的宣言时，绝大部分人都从当初的充满疑虑转为了深深地信服。这个身材不高大但实力爆棚的总统，完全可以兑现他的承诺，因为任何人、任何困难都无法摧毁他顽强的毅力。

普京看似强硬的做法并不是为了与他人对峙，而是用自己顽强的毅力与困难拼搏，最终发生了奇迹。人们在面对看似遥远的梦想时，有的人选择了放弃，可有的人选择留下来继续奋斗。留下来的人不一定就会实现梦想，但他至少有勇气向着自己的梦想一步一步地前进。

人生就是要不停地战斗

在这个竞争激烈的社会中，一个懦弱而畏缩不前的人，其最终结局就是被社会淘汰。但是，那些在现实中坚定自我，不断奋力前行的人，却可以品尝成功的喜悦，摘得美好的果实。因为人自从出生开始，就要不断地战斗，与自己生活的小环境战斗，与社会发展的大环境战斗，与那些不断出现的困难战斗……

在现代社会中，竞争无处不在，每个人都像处在一条食物链中，要么成为强者，要么被强者吞噬，被恶劣的环境所淘汰。人生之乐趣就表现为不断地为生存而斗争，所谓与天斗，与人斗，与现实斗，方显其乐无穷。然而，大多数人在斗争面前，都选择了中庸的态度，只有真正的强者才能不断接受挑战、不断进行斗争。

普京就是这样一位真正的强者，在他的人生中，从来就没有懦弱、服软这样的字眼。面对任何事情，普京都习惯用最直接的口吻、最直白的话语来表明自己的态度，有时甚至会显得不够礼貌。有一次，普京在克里姆林宫举行记者招待会，当时正值俄罗斯对金融寡头进行制裁取得成效之时。当时有几名记者总是围绕着寡头们的个人行为来对普京发难，普京开始还一本正经地回答这些问题，但随着记者们的不断逼问，普京决定用一句粗话来表达自己的意见。普京的话说出口之后，一旁的翻译愣愣地看着普京，好久之后才艰难地翻译出了这句话："你必须一直遵守法律，而不是在他们抓住你的蛋的时候。"刚才还言辞激烈的记者们瞬间没有了声音，他们面面相觑，甚至不敢相信自己的耳朵。这就是普京，面对棘手的问题时从来不回避。如果能够一举击败对方，那么他会选择最简单、最有效的方法。他的回答不但结束了无聊的提问，而且也是对所有人发出的警告：在俄罗斯的地盘上，你敢违反法律，就会让你好看。

为了让自己和俄罗斯在国际社会上获得更多的主动权，他敢于与任何人和事物进行抗争。当然，普京并不会不分轻重地对所有人都采取这种不太礼貌的态度。在与不同的对手斗争时，他会先对事件、对对手进行分析，然后采取不同的方法。在俄美关系上，普京就一度表现得非常"大度"。但这并不是他不敢去与之直接抗争，而是因为他采用了以退为进的方式进行斗争。因为当时俄罗斯的国力遭到了削弱，经济又止步不前，当务之急是改善国情、民生，而不是因一时冲动而导致国家进一步地衰落。所以，普京在卢布尔雅那参加会议时，当众与美国总统布什拥抱，很多国家领导人都没有想到，这个一直态度强硬的普京竟然可以这样大度而且热情。而被拥抱的布什则对人们说："普京是个值得信任的人，俄罗斯是美国的盟友。"

不仅如此，当美国发生"9·11"事件之后，普京第一个打电话给布什，并且告诉美国，他会让俄军保持原有的战备等级，随时准备帮助美国。这让美国感受到了俄罗斯的善意，连强硬的赖斯也表示："这是美俄关系升温的征兆，总统布什曾经多次说到这件事。"只不过，当时的俄罗斯官员很不满意，他们认为普京此举是在刻意讨好美国，降低了俄罗斯的威望。但普京知道，如果俄美两国的关系一直得不到好转，那么不但会影响到俄罗斯的经济利益，甚至还有可能会影响到如今的和平环境，如果不想发生武力冲突，那么就要有所克制。

普京实际上是以退为进，以被动谋求主动，这给俄罗斯的发展留足了空间，更让国际社会看到了普京在外交上的大度与宽容。接下来，普京便以美国的强势为武器，成功挑起其他西方国家对于美国的不满，最终让北约组织直接分裂开来。德国与俄罗斯很快形成战略伙伴关系，美国压力倍增。巧妙与敌应对，化危险于无形，用外力解自我之急，这就是普京在外交上的斗争方法。可见“战斗”不一定都是硬碰硬，还有许多方法可以巧妙地使自己获得胜利。

普京拥有强大的战斗力。同时他也明白，人生无处不需要战斗，但斗争的方式方法，需要用智慧和能力进行调整。作为一个男人，既然参与到生活的战斗中来，就要顽强地坚持下去，为自己想要得到的东西不懈地奋斗。在战斗的过程中，固然会经历挫折、打击与痛苦，但绝不能因此而放弃，因为那样一来就成为了一个彻底的失败者。生活中的战斗会磨炼每一个人，如果你不能成为一个强者，那么注定会被强者踩在脚下。在生活中，我们不能懈怠、不能放弃、不能抱怨，而要脚踏实地、奋勇直前，认准目标、奋力拼搏。

执着是最简单的成功法则

意志是衡量成就大小的标准。通常情况下，意志越是坚定的人，其成就越大。但是，一个人要如何拥有坚定的意志呢？最简单的方法就是执着，执着可以让你产生强大的意志力，同时还会让你身边的人因此受到感染。有这样一句话："九十九次的失败，到第一百次才获得成功，这就是坚持；坚持就是不间断的努力。"所以，执着的人最有可能把成功握在手中，因为他们的意志会让自己坚持不懈地努力。

很多人想要获得成功，却总是找不到途径，他们可能也尝试过几次或者很多次，但往往还没有到终点就带着抱怨放弃，其结果自然也一目了然。如果对任何事物都抱着试试看的态度，那么你所得到的必定只是失望。只有执着的人才能够获得最后的成功。文学家伏尔泰曾经说过："想要获得成功就必须坚持到底，剑到死时不离手。"

其实，在人生当中，每个人都会遇到各种各样的困难，其结果如何取决于你是否能够顽强地坚持自己的目标。当目标看上去遥遥无期时，执着可以帮助你度过艰难时刻；当成功遥不可及时，执着则能坚定你走向它的信念。普京这样一个强大的人物，遇到的困难有很多是我们普通人想象不到的，但不论遇到什么困难，普京都没有忘记自己对俄罗斯人民的承诺：

给我20年，还给你一个奇迹般的俄罗斯。就是这种对梦想的执着支撑着普京渡过了一个又一个难关，正是因为有这样的信念，普京才学会了用执着来打造自己的人生，他甚至说自己的人生就只为这一件事忙碌。所以，不管遇到什么样的问题，他都会勇敢地承受并解决，执着地去靠近自己所设定的人生目标。

2000年，普京刚就任俄罗斯总统时，就发生了一起严重的事故。当时俄罗斯最大的核潜艇“库尔斯克号”在巴伦支海沉没，潜艇上130名海军人员全部遇难。消息一传出，那些试图攻击普京的人立刻大做文章，指责正是由于普京的行为不当，才会造成这样严重的后果。此时，外界的质疑让普京举步维艰。可是，这一突发事件并没有打乱他的工作节奏，他一边打击恐怖分子，一边处理核潜艇沉没事件，同时对金融寡头也进行毫不留情的制裁。普京非常清楚，自己所遇到的只不过是暂时的困难，如果自己因为此事而停止正在进行的工作，那么上任以来所有的努力便付诸东流了。普京坚持自己的做法，不但快速地解决了问题，而且还在经济治理方面取得了不错的成果。

普京的坚定意志不但体现在应对突发事件时，而且还体现在日常的工作当中。普京在工作时全神贯注、坚持不懈，一天之中他只用6个小时来睡眠，而用16个小时来工作。面对如此繁重的工作，普京不但不觉得辛苦，反而乐此不疲，这是因为在普京的心中有着坚定的目标和执着的追求。

在俄罗斯的版图上，有一座非常特别的城市，它就是加里宁格勒市。这座城市虽然属于俄罗斯，但却被白俄罗斯和立陶宛隔离开。每当这个城市的居民想要到达莫斯科的时候，都要跨越两个国家的边界。特别是立陶宛加入欧盟之后，加里宁格勒市的人再想要通过它回到自己的首都，都要办理由欧盟签署的“申根协定”签证。这种本是一家却来往不便的情况，让俄罗斯改善当地的民生的政策严重受阻，想要为其配送物资都变得非常困难。加里宁格勒市的居民更是因为出入不便，心生怨言。这时就有国家想要乘机将加里宁格勒市据为己有，并引出主权确定的说法。但普京从来不认为这是个不能解决的问题，他不但时刻关注该城市的动态，更不时对该城市进行改造修建，并在加里宁格勒对古代城堡皇家门进行修复的仪式上向全世界宣布：“俄罗斯将继续对加里宁格勒和整个加里宁格勒地区的发展予以必要关注，我们绝对不会放弃这块土地。”此宣布一出，让世界人民看到了普京维护国家领土主权的决心和坚持，再没有人敢对它有非分之想。这就是执着的力量，在国家领土和主权的问题上，普京从来不惧怕任何困难，他的执着坚守让俄罗斯的领土固若金汤。

如果你一直在追逐梦想，但却始终未能实现，那么你可以反省一下：当你遇到困难时，是不是轻易就放弃了，或者改变了行动的方向？这样的行为看似更加“实际”，但实际上却是缺乏意志力的表现，如果你不能为你的梦想执着奋斗，自然也就难以达到人生的巅峰。在很多成功人士的身上都能看到执着的品质，这种执着体现在对待小事认真、对待大事坚持上。执着而专注的精神本身就是一种能力，它一定会助你走向别人难以企及的人生高度。

坚守自己的目标，永不言弃

在人生的路途上，困难与险阻难以避免。无论面对什么样的问题，我们所要做的就是坚定目标、永不言弃。要知道，做事情只有持之以恒，才可能越来越接近目标。若在困难面前选择退却与停滞，哪怕离目标只差了最后一步，也不算是最后的成功。

人生在世，如果缺少目标，那么他的一生就是迷茫的。只有向着一个又一个目标不断努力，不断提升自己，才能引领我们攀登更高的人生阶梯。

早在上中学的时候，普京就找到了自己的人生目标："我的梦想是做一名间谍。"他用尽全力朝着这个目标前进。大学毕业后，当他如愿以偿进入克格勃时，普京才发现，一名间谍远不像表面上那样风光无限，背后的各种训练让人痛苦不堪。在进入间谍学校学习的时候，普京曾以为只会进行武器、运动等方面的训练，没想到单是文化课的学习就已经让他不堪重负。文化课包含了各种学科：化学、物理、地理、数学、经济、文学、语言、政治等，一共有697课时，而且这只是最基础的课程。在经过了基础课程的学习之后，接下来就是军事课程，包括军事组织编制、军备设施、外国领导人资料、情报、武器装备等课程在内，课时量达到了392小时。军事课程之后，还要进行特别科目的训练，包括摄影技术、无线电收发、特种通讯联系方法、地形学、地图绘制的秘密符号、注解、自救、逃跑、解围、药物、毒品、麻醉等，课时为 1482 小时。高强度的学习让普京感到了沉重的压力，为了顺利通过考核，他每天没日没夜地学习，有时实在学得头昏脑涨，他就会用冷水淋头，然后自己给自己加油说："一定可以的，普京，你做得到！"

在克格勃学校里，除了繁重的学业，每天还要进行大量的专门训练，例如在 30 秒内看完一个情报，然后整理出来，或者 20 千米的负重越野。这种脑力、体力的双重训练已经超出了常人所能承受的极限。有一次，普京进行便衣密探的识别和摆脱跟踪训练。该训练除了需要大脑的快速运转，还需要超负荷的奔跑。教练说："在没有武器的情况下，逃避盯梢最好的方法就是跑。"所以，普京需要一刻不停地加速奔跑，一跑就是 5 千米。普京在奔跑的过程中感觉自己的肺都燃烧起来了，完全没有办法呼吸，只能凭着本能继续跑。但他没有放弃，为了走向自己的梦想，他咬着牙坚持下来。一年半的魔鬼式培训结束，普京最终以优异的成绩毕业，成为了一名合格的克格勃。

成为总统之后，普京为自己订立了更高的目标，他要效仿彼得大帝，"给俄罗斯人民一个奇迹"。所以，不论面对什么样的困难，普京都不会退却，而是迎难而上。为了激励自己，他将彼得大帝的画像挂在自己的办公室里。他这样对所有的人说："俄罗斯唯一的现实选择是做强国，做强大而自信的国家，做一个不反对国际社会，不反对别的强国，而是与其共存的强国。"同时，他对自己的外交官员们说："面对领土问题时，你们不是我的外交官，你们应该是角斗士！"面对国家军事能力不强的现实，他大胆宣称："就是把克里姆林宫卖了，俄罗斯也要加强海军建设！"正是普京坚持走强国富民之路，才让俄罗斯能够迅速崛起。

在回顾自己的执政历程并展望未来的发展时，普京这样说道："勤劳与受过良好教育的国民，他们拥有时刻争取第一的信心，在俄罗斯人的民族性格中，争先已经成为一种习惯，自由和独立则是天性……没有任何借口，可以妨碍我们实现既定的目标！”这体现出了普京十足的自信，而这种自信则来源于他对个人目标和国家目标的坚持。在普京眼中，任何困难都不能阻碍他实现复兴俄罗斯的伟大目标。普京沿着设定好的目标一步一步地向前挺进，他勇往直前、永不放弃，为的就是最终达到他所期待的终点。

不是所有人都能成为普京，但每个人都应该学习他坚持目标、永不言弃的精神。不论是学业、工作还是梦想，想要获得成就都需要为自己设立坚实的目标。也许在追求目标的过程中会遇到许多困难，也许你会失去继续向前的勇气。但是，挫折与失败、压力与痛苦，都不应该成为你放弃目标的理由。如果我们没有办法控制自己的内心，用强大的意志力坚定地向着目标前行，那么所谓的目标永远只能是遥不可及的幻想。

Vladimir

Putin

法则四

进取实干，任何事都要全力以赴

“我忙得就像个划桨奴隶”

每个人都向往安逸的生活，可是这样的生活往往与成功背道而驰。你若不能牢牢抓住时间的手，与它同行于人生的长河，你的一切成功都只能是痴人说梦。

现代生活使人忙碌不堪，人们总是一边抱怨“我太累了”“我太忙了”，一边幻想有朝一日能够过上一种轻松悠闲的生活。殊不知，正是因为忙碌，人类才与其他动物区别开来。每一个人的生活中都有着或大或小的使命，因此每一个人都不能无所事事。但是，很多人都对眼前的生活充满抱怨，把有限的时间浪费在回忆过去或者幻想未来之上，仿佛不用努力就能获得幸福的人生。实际上，你所能把握的只有现在的一分一秒，只有抓住了每一个瞬间，才能成就非凡的人生。

普京任职俄罗斯总统以来，终日生活在繁忙之中。早上起来之后，他只吃简单的麦片粥、蛋卷、果汁等早餐，然后就要边喝咖啡边与官员们讨论国家事务。在有限的休息时间里，他还要进行大量的阅读，各类报纸以及工作简报，他都要一一读完，从中了解世界局势的变化和人民的生活。哪怕是到了周末，他的生活也并不会轻松多少，各种活动必须照常进行。即使已经如此繁忙，普京还要给自己每周安排至少一堂课，用来学习外语。

虽然普京的生活简直一刻也闲不下来，但当媒体问及普京的生活时，他却这样云淡风轻地讲述自己的工作流程：“在我不工作时，我还是在工作。我的时间分配很严格：早上七点半起床，用早餐，去健身房，然后就是工作，不在克里姆林宫就在总统官邸。如果有一刻钟的空闲，我会立刻去健身房，我有自己的马，但很少骑着它去散步。睡觉的时间经常是凌晨一点或者两点。”

曾经有位俄罗斯内阁翻译说，普京的生活非常按部就班，甚至可用单调来形容。除了每天固定要处理的国家事务，普京还要不断地看书、学习。此外，普京还要用心准备外出谈判和演讲的内容。这位翻译这样评价普京：“他看起来镇定自若，似乎没有任何事情可以影响他，他似乎很少注意周围的状况，也不关注他人，其实这都是表象……他已经将自己塑造成一个偶像，不习惯被任何人看穿，他更习惯一切都在他的掌控之中，他是孤独的。”

普京在外交场合可以镇定自若、谈笑风生，但在深入民间考察时却屡屡遇到各种意外事件，原因是他常常为了真正体会到百姓的生活而打乱地方官员安排的计划。每当这时，他就会牺牲自己的时间来应对突发的情况。有一次，他经过一个村子，看到一名男子正在劈柴，就想过去了解一下他们的生活。当他走过去时，就听男子的老婆叫道：“当家的，总统来了！”男子根本不相信，嘴里说着：“见鬼，什么总统来了。”然后继续劈柴。直到普京走到他身边，男子才愣在那里，好半天才说：“弗拉基米尔·弗拉基米罗维奇，真的是你吗？”普京开玩笑说：“不，不是我。”男子一时不知道说什么才好，便邀请普京与他的儿子一起游泳。普京看看他，什么话也没说，脱掉外衣跳下水去，与男子的儿子游起泳来，而当时的水温只有21℃。

正是这样对待任何事情都亲力亲为，使得普京忙碌得没有一点空闲时间。普京曾经这样形容自己：“我忙得就像个划桨奴隶。”普京上任之后，有人统计过他在28个月里的行程：普京一共跨越了75.3万千米的土地，其中俄罗斯境内占了23.5万千米；先后去过90多个俄罗斯城镇，国内飞行时间达到 487 小时。如果普京没有忙成“划桨的奴隶”，怎么可能走过这么多的地方，留下那么多传奇性的故事，成为俄罗斯人民心目中的“自己人”呢？

普京凭借自己踏实肯干的精神，抓住每一分每一秒，从不浪费一点时间，从而在与时间的斗争中获取到了主动权，做出了非凡的成就。忙碌固然会让人失去很多，但同时它也会给你意料之外的回报。普京的忙碌为他赢得了俄罗斯人民的爱戴与支持，这对于一心为国家操劳的领导人来说无疑是最好的奖赏。

“你们觉得布什很轻松吗”

成功如同一颗种子，从播种到发芽、生长，需要经历一个过程，才能最终结出甜美的果实。如果你总幻想着事情可以一蹴而就，人生能够一步登天，那就注定只能在白日梦中，不断失望，不断消磨人生。因为成功从来不与渴望成功的空想者拥抱，而只与踏实肯干、夜以继日的人握手，也只钟爱肯沉下心去，用全部力气耕耘梦想的人。

也许有很多人认为，总统只是国家事务的决策者，他们的任务只是做出决定、在电视上向民众展示自己的形象，其实并没有太多的事情需要自己亲自处理。实际上，不论是普通人还是国家总统，想要获得成就，都不可能轻松。轻松不会带给你成功，它只能消磨你的意志。

作为国家总统，普京对于任何事情都习惯亲力亲为，从来不惧怕烦琐与危险。当俄罗斯发生火灾的时候，国民都心慌意乱，怕受到火灾的影响。可是，很快他们都平静了下来，因为他们的总统普京亲自坐着救火飞机到达了火灾现场。普京亲自参与救火，使俄罗斯民众感受到了总统的关怀与诚意，心里顿时踏实了。在火灾现场，普京那种自信而又坚毅的表情像极了 007 系列电影中的男主角，仿佛有着神奇的魔力，使全国民众都感到温暖与踏实，他们在总统的号召下，全力以赴应对火灾。

有人质疑普京的行为实际上是一种作秀，身为总统完全没有必要亲临火灾现场，更不用冒险乘坐救火飞机亲自去灭火。面对这些质疑，普京只是淡淡地一笑，不置可否。他心里明白，自己的亲力亲为对于国民、过于整个国家来说有着非常重要的作用。他曾经说过这样的话："你们觉得做总统很轻松吗？领导太多，最后决定的还是国家元首，这当然是个不轻的担子……不管是大国还是小国，任何一个国家领导人都不容易，你们觉得布什很轻松吗？"普京明白，轻松是不会带给他成功的，作为总统，想要得到人民的认可，想要实现国家富强的梦想，就必须用心把每一件事都做好。

普京不但是这样说的，而且一直以来都是这样做的。在成为总统之前的那段日子里，普京已经懂得了需要一步一个脚印地去接近自己的梦想。从普京为自己种下"间谍梦"这颗种子开始，他就懂得了想要获得成功就不可能轻松。读大学的时候，普京已经不再是小时候那个顽皮、淘气的小男孩儿了，他因为梦想而变得深沉、内敛，把自己的大部分时间都用来学习。带领普京步入政坛的老师索布恰克曾经这样评价他："普京当时只是个普通的学生，和其他人没什么两样；他的表现并不引人注目，而且不愿出风头，但是，他学习成绩好，肯努力，在他身上表现出的是一种顽强不屈的特点。"正是这种顽强不屈的特点，普京才给索布恰克留下了良好的印象，在索布恰克需要一个助手的时候，他便想到了普京，更是亲自将这位心怀大计、肯干敢为的年轻人培养成了日后为人民所拥戴的总统。

此外，普京之所以能够被选入克格勃，也与他意志坚定、敢于行动的性格分不开。克格勃不仅是一个听上去很酷的名字，而且想要加入克格勃的人必须经过常人无法承受的严酷训练。如果一个人贪图安逸，没有吃苦耐劳的决心，是绝对不可能被选入克格勃的。进入克格勃之后，普京所接受的就是爱国、献身、勇敢的教育，以及夜以继日的专业训练。当时，普京并不知道自己的未来会怎样，也许进入克格勃之后，自己从此只能隐姓埋名，默默无闻地为国家做贡献。然而，普京还是接受了克格勃的工作，并且一做就是 15 年。

天下没有免费的午餐，天上更不可能掉馅饼。想要获得成就，你唯一可以做的，就是在种下种子之后，勤勤恳恳地去耕耘，才有可能在未来收获甜美的果实。

任何不可能都能变为可能

人生是一个不断拼搏的过程，如果你总是害怕失败，总是因为觉得“不可能”就放弃，那你可能就真的什么也做不成了。相反，那些敢想敢干、勇于行动的人，那些拥有一颗敢于改变一切的决心的人，往往最终能够成为奇迹的创造者。因为在他们的身上，有着一种变不可能为可能的顽强精神，当他们开始行动的时候，就已经完全将失败与“不可能”抛到了脑后。最终，他们所得到的便只能是“可能”。

大自然中有一种很有意思的动物——大黄蜂，之所以说它“有意思”是因为从生物学的角度来看，大黄蜂的身躯笨拙，翅膀也十分窄小，并不具备飞行的条件。然而，在现实中大黄蜂却是一种能飞的昆虫，而且飞行速度也并不慢，这一事实仿佛是大自然和人类开的一个玩笑。然而，人们通过研究发现，大黄蜂之所以能够飞起来，是因为它不得不这样做。在大黄蜂长大之后，它必须飞起来觅食，否则就会被活活饿死。原本不具备飞行条件的大黄蜂为了自己的生存，变“不可能”为“可能”，超越了平凡，创造了生命的奇迹。对于人类来说也是如此，如果你努力争取，很多看似不可能的事情也有可能变成现实。

在普京身上，我们就能看到这种能力。普京还是个小男孩儿的时候，就已经展示出了不服输的个性。刚上初中时，虽然普京身材较矮，却从来没有人敢欺负他，这是因为当有人欺负他时，他会用自己的全部力量去反抗。他的朋友这样回忆："如果有人敢惹到他，他就会跳到那个人身上，又抓又咬，扯对方的头发，他会用任何方式，绝不允许有人侮辱他。"有一次，普京和同学在车站等电车，有两个身材高大的醉汉走了过来，他们举止粗鲁，对旁边的人不是推搡就是打骂，没有人敢出面制止。普京看到后非常生气，他将书包交给同学，一下把一个醉汉推倒在雪地里。另一个醉汉立刻发怒，向普京扑来，嘴里还大叫："你想干什么？"可是，醉汉还没有听到回答，就已经被普京轻松地摔倒在地，与自己的同伴一起趴在雪堆中了。这就是普京，他从不认为自己身材矮小就不能挑战比自己高大的人。

普京的这种坚强不屈的个性在他做克格勃期间发挥得淋漓尽致。刚到德国去做克格勃的时候，普京对德语并不精通，他当时最怕的一件事就是接听电话，因为德国人的话会让他听得云山雾罩。别人告诉他：慢慢学，会习惯的。可是普京却不这样认为，如果慢慢学一两年，对德语是习惯了，可是工作方面不是就落下了吗？所以，他利用下班后的时间，争分夺秒地努力补习德语，两个月之后，他对接听电话、与德国人交谈等事务已经得心应手。别人都认为这是一个奇迹，说他太有语言天赋了。可只有普京自己知道，自己之所以进步神速，是因为付出了别人所不知道的努力。

正是这种坚韧、努力、务实的个性成就了普京，让他从一个普通人成为了深受人民爱戴的总统，把一个又一个的"不可能"变成了现实。普京于 1999 年 12 月 31 日出任俄罗斯总统，总统任期为 4 年一届，俄罗斯法律规定，总统职务只能连任两届。到了 2008 年，俄罗斯在普京的领导下已经发生了翻天覆地的变化，甚至连普通的民众都切实感受到了生活的改变。然而，8 年的总统任期已到，虽然普京仍然拥有高达 65% 的支持率，但他也必须要离开总统的职位了。尽管国民强烈建议废止这一法规，要求普京继续留任总统。但普京却用法律约束自己，与大家约定 4 年之后再见，自己到时会重新竞选总统一职。

总统的竞争是如此激烈，各党派之间的明争暗斗是如此残酷，有几个走下总统宝座的人能够重新回来？然而，普京却对自己的回归信心十足，因为他知道只要有决心、有能力，一切不可能的事情都会变为可能。所以，他心平气和地卸去总统职务，成了辅佐新总统梅德韦杰夫的助手。4 年很快过去，普京没有食言，他果然再次回到了总统竞选的舞台，并且毫无悬念地成了俄罗斯新一届总统。这期间一定经历了无数的艰难险阻，但普京并没有想要走捷径而废除国家法律，也没有在竞争对手面前失去信心。他凭借自己非凡的能力和坚定不移的信念，再次将“不可能”演绎为“可能”。

自信是一个人行走在世的护身符，能力则是握于双手无坚不摧的武器。普京正是靠着自己的踏实肯干，用自己的自信与坚持，创造出一个将不可能变为可能的奇迹。生活中的每一个人都是这样，不论面对什么样的困难，如果不能充实自己的实力，不能拥有坚不可摧的信念，那么，“不可能”就永远都不会变为“可能”。

没有冒险精神就不是男人

冒险可能是一次挑战极限的体验，也有可能是一次出生入死的惊险。具有冒险精神的人，往往能够体现出百折不挠、坚忍不拔的品质。在人生中，这些品质可以帮你演奏不同于常人的动人篇章。

大多数人的生活是平淡无味的，每一天、每一年都没有太大的变化。但是有一些人，他们充满了冒险精神，渴望体验与众不同的精彩人生，这让他们充满了能量与激情。普京就是这样的人，他将冒险当成生命存在的乐趣，将冒险看成挑战困难的勇气，他甚至认为：没有冒险精神就不是男人。

在普京的人生中，冒险已经是家常便饭，从他所从事的克格勃工作，到他所任职的总统职务，处处充满了冒险。普京享受冒险的过程，因为这可以让他的意志变得更加坚定，从而将困难踩在脚下。这种冒险精神显然与他克格勃的出身是分不开的，如果没有克格勃魔鬼式的训练，这位传奇般的总统也不可能成为现在人们眼中的魅力男人。

在刚进入克格勃的时候，普京的一项训练任务是钻坦克。训练开始，所有的学员被关在训练场内，没有战壕，也没有任何遮挡体，完全没有地方躲避。这时，轰隆隆的坦克飞快地冲着人群开过来。每个学员想要逃生，必须在坦克快要碾压到自己的时候，用最准确、最迅速的动作从坦克下方的两条履带中间钻过。这个动作要求的就是胆量，钻的时候学员必须纹丝不动，稍有不慎，就可能丢了性命。在那样的训练中，普京已经亲眼见证了太多事故的发生，但他凭着胆大、沉着的个性，圆满地完成了任务。但考验并没有结束，钻坦克训练之后，是高地跳伞。每个学员身上只穿一件类似于背带服的跳伞训练装，从高地上直接向下跳。有一次，与普京一起跳伞的同学诺维科夫因为太紧张，死死抓住普京不肯放手，结果伞绳断了，诺维科夫正不知如何是好，突然被普京推了一把，不知怎么就翻了一个跟头，最后有惊无险地落在了地上。原来，普京想到直接落地会非常危险，便用柔道中的招数，帮了诺维科夫一把。事后，诺维科夫回忆说，虽然自己也是柔道高手，可当时早忘了如何自救，要不是普京帮他，后果不堪设想。

不论在什么情况下，普京都不会在危险到来时手足无措。1994 年，普京正是凭借面对风险时的沉着冷静，吸引了当时俄罗斯总统叶利钦的注意。当时，叶利钦与一些官员在郊外打猎。中午的时候，大家正在准备午餐，突然不知从哪里蹿出一只凶猛的野猪，朝着餐桌猛扑过去。叶利钦因为躲闪野猪而丢了眼镜，身边的保护人员则因野猪离叶利钦太近，不知如何下手。那些官员更是吓到失去方寸，全部借着为叶利钦寻找眼镜的名义，齐刷刷地钻到桌子底下去躲避。当时普京也在场，所有官员中唯一一个没有躲到桌下的就是他。普京立刻举起手里的猎枪，以最快的速度对着野猪开了枪。人们只听到两声枪响，现场立刻安静了下来，野猪已经中枪倒地。叶利钦在那一刻看到了普京的勇敢与机警，后来他这样赞赏普京：“我对普京的第一印象是，这是一个强硬、不妥协而思维敏捷的人，莫斯科需要这样的人。”

虽然普京已经告别了充满冒险的克格勃时代，成为了国家的总统，但他天性中的冒险精神还是会让他去做一些别人不敢尝试的事情。有一次，普京听说在新乌伦戈伊发现了新的天然气田，便立刻决定亲自前去视察。这个地方位于北极圈内，不但温度极低，而且天气非常恶劣，随时都有可能发生危险。官员们都认为没有这个必要，因为这一路上充满了危险。但普京认为，国家的经济重振来自这些能源的开发，如果自己连这也不关心，那就算不上优秀的领导人。于是，普京带领大家坐上直升机，前去视察。一路上，普京谈笑风生，反倒是那些官员，一个个都提心吊胆、惴惴不安。

除此之外，普京平时还喜欢参加充满刺激性的运动，例如滑雪。普京在索契有一套别墅，它背靠着大山，离滑雪场非常近。普京每次去那里休假，都不会放过滑雪的机会。他总是一个人登上最高的山峰，在没有人滑过的雪道上纵横驰骋，尽情享受这种几近疯狂的俯冲快乐。

正是凭借这样的勇气和敢于冒险的精神，普京获得了俄罗斯人民的拥戴，成了世界上为数不多的魅力领导人典范。普京曾说："在我做总统的这段时间内，曾不止一次被迫为国家的需要做出一些决定，其中很多决定都承担着极大的风险，可能会让我的政治生涯直接毁灭，但事实证明，这些冒险都是值得的。"

人的一生如果永远一帆风顺，不经历艰险，如何能够懂得安逸的可贵？如果不经历冒险，怎么能判断一个人能力的大小？一个人只有富有冒险精神，敢于在风险面前果断地做出抉择，才能成就不平凡的人生。

对事事都满意的人就是个白痴

在不缺少个性的时代里，想要打造出与众不同的人生是非常难的。就如同约那桑·欧登·阿摩尔说的那样："若想成为人群中的一股力量，便须培养热忱，人们因你的信心与热诚而更喜欢你；而你也得以逃离枯燥不变的机械式生活，无往而不利。"同时，生活在人群中，你不但要具有性格，还必须对世俗表达你应有的态度，这样你才能成为一个有个性的人。

在人们的眼中，普京是一个极具个性魅力的男人，他坚强、勇敢，而又亲和、柔情。面对美好的事物，他勇敢地追求，而对于令他不满的事物，他便会直言不讳地表达自己的愤怒。普京的做法向我们证明，一个人如果随波逐流、人云亦云，没有自己的态度、不敢发出自己的声音，就不可能得到他人的重视和尊重。

普京始终相信，做人要有自己的声音，做事更要有自己的风格，如果事事都满意，完全听从别人的摆布，那就和一个白痴没有什么区别。出现在世界舞台上时，普京时刻注意展现自己的风格，发出自己的声音。而且，普京不但要在国际舞台上为国家发声，在自己的事务上也有着强烈的个人风格。按照惯例，参加总统竞选时，每一位候选人都会为了获得成功而到处拉票。而普京在参选时却没有选择拉票，而是做出了一个别出心裁的举动。总统竞选的前夕，普京正好在乌克兰访问，会议结束后，他悄悄溜出了晚宴现场。因为普京听说，这一天在黑海港口有一场摩托车大赛，这场大赛的组织者“夜狼俱乐部”在俄罗斯境内有着非常高的声誉，深受年轻人的喜爱。比赛结束之后，人们便看到一个身穿黑衣、戴着墨镜和黑色手套的男人走上讲台，对着7000多名摩托车爱好者挥手，亲切地打着招呼：“兄弟们，你们好。”这个人就是普京，他在这里发表了自己最为有朝气、最为时尚的演讲，说摩托车是“最民主、最大胆、最快捷的交通工具，它给骑车人以自由的甜蜜感，它就是自由的象征”。演讲的最后，普京用乌克兰语喊：“摩托车万岁！”全场顿时一片欢呼，那些摩托车爱好者，那些充满个性的年轻人，全都看到了这位总统竞选者的与众不同，并对他产生了深深的认同感。

当晚，普京就骑着“哈雷·戴维森”品牌的重型三轮摩托车，与选手们在重金属摇滚音乐的伴奏中一起驰骋。他昔日的沉稳与威严，在这一刻都消失殆尽，他的硬朗与活力帮助他赢得了这些年轻人的好感。也正是这样用自己的声音、自己的形象所演绎出来的与众不同，为普京的成功竞选赢得了先机。

我们从普京的身上可以看出，他不会随波逐流，更不会像个白痴一样，被别人的话牵着鼻子走。这样的个性，让普京身上拥有了谜一样的魅力，人们用“智慧、聪明、强硬、有立场”等词汇来评价他。就如同戈洛夫科夫所说的：“从外表来看，普京表现得谦恭而又有些镇定自若，不过这只是一副假面具。在其背后深深地隐藏着另外一种气质，那就是尽管遭受过巨大挫折和失败，但仍竭力控制自己的情感，普京的胸有成竹帮助他树立了一个睿智、具有远见卓识的领导者的形象。”

这对普京是一种认可，更是一种表扬。正是这种强烈的个人风格和与众不同的人生态度造就了一个独一无二的普京。只有拥有足够的智慧与能力，才能够这样充满自信地彰显自我。在现今社会中，这是一种每个人都应该学习的可贵品质。因为它可以让你在纷扰的世事中不迷失自我，让你在众多的声音中保持独立、自省的内心。

Vladimir Putin

法则五

实力男人，来自严苛的自律

自信爆棚，更要保持理性

自信是一个人收获成功的重要品质，但是一个人不管能力有多强，都应该时刻保持低调的作风和理性的头脑，而普京恰恰就是这样的人。他的自信多来自他强大的内心，所以他从来不会刻意去炫耀自己的才能、荣誉以及地位。只有在俄罗斯人民需要的时候，他才会毫不吝啬地显露自己的才华。

中国著名青年钢琴演奏家郎朗，在很小的时候就显示出音乐上的超凡天赋，那时的他在钢琴演奏方面已经是同龄孩子当中的佼佼者，经常在各类比赛中获得冠军。可是过早的成名也是一把双刃剑，这些成绩不仅没有激励他继续前行，反而成了他的负担。他开始自满起来，觉得自己已经是一名少年钢琴家了，于是便不再刻苦地练琴。对此，他的父亲非常担心，正值世界著名“钢琴王子”克莱德曼来中国开演奏会，于是父亲找到了克莱德曼，希望他能见郎朗一面。当郎朗听了克莱德曼的演奏，并亲眼见到他时，他发自内心地感到了自己与世界顶级演奏家之间的差距。郎朗握到克莱德曼那双布满厚厚老茧的手时，更是惭愧不已。从那以后，他开始收敛自满的情绪，继续夜以继日地苦练琴技，这才终于有了今天的成绩。

爱尔兰著名剧作家萧伯纳曾经说过，有信心的人，可以化渺小为伟大，化平庸为神奇。所以，对每个渴望成功的人来说，能够拥有自信的品格是一种幸福。但是“幸福”需要把握适当的尺度，信心不足会让人错过改变人生的大好机会，而盲目的自信却又容易让人失去理智，迷失方向。普京正是把握这种尺度的典范，他自信爆棚，却时刻保持理性的处事原则，成功驾驭自信，却又不在问题面前有所失误，所以让自己的人生始终处于轻松自如的状态。

普京自信的品质和理性的处事风格与他早期的经历是分不开的。普京上小学的时候，便对困难充满挑战欲望，他曾经这样形容自己：“我小的时候，有些精力过剩。”那时的他课上活跃，课下好动，虽然身材不高，却从来不畏惧任何来自于比自己强壮的同学的挑战，即使被打得头破血流，也从不肯服输。

不过，这样勇于挑战的性格并没有变成鲁莽，因为他有很强的自我约束力，能让自己在任何时候都保持理性。当普京立志要成为一名克格勃的时候，他完全改变了自己精力过剩的个性，全身心向着目标前进。这样的好品质让老师印象深刻，也让同学们记忆犹新。有记者采访过普京曾经的同学：你认为普京是个什么样的人？得到的回答基本都是：个性沉稳、不善言谈。有记者问普京曾经的同事：“你在普京的身上，可以看到哪些优秀的品格？”那个人非常自信地回答：“是的，他的优点非常多，但他最大的优点就是从不炫耀自己。”记者又问：“那普京有哪些弱点？”那个人摇摇头：“他没有弱点，我从来没有看到过像他那样的人，拥有这样和谐的外在表现；他是一名运动健将，也是一位造诣极深的人文科学工作者，他虽然身为情报人员，但对文化却从不放松……你只有看到他，才会明白这些都不是夸大其词，他就是那种对‘度’把握得非常严格的人……”

至此，人们应该完全可以从他人对普京的评价中看到，自信满满的普京始终低调地保持着自己的风格，不炫耀，行事把握“度”，而且沉稳。这样的风格一直到普京成为总统，人们依旧可以感受得到。而且，他不但没有丝毫的张扬，反而越发变得理性与谨慎，让你完全从他身上挑不出一点儿毛病。

据说普京的工作非常繁忙，每天都被安排得满满的，有时候，他一天的活动就多达 25 项。由于活动的地址比较分散，总统的卫队必须要提前进行道路管制，这就容易引起道路的拥堵，有时甚至会引起长时间的堵车。所以，很多民众就此向普京表达了不满。普京知道后，非常虚心地接受了他人的指责，不止一次地向民众公开道歉，并且不断精简自己的出行队伍，尽量减少对道路交通造成的影响。他的这种行为，让国民看到了一个谦和有礼、心怀百姓的领袖形象，从而令自己的支持率更加上涨。

据说，有一个地方的人民，为了表达对普京的尊敬和崇拜，特别将一条大路改名为普京大道。普京知道之后，对这件事非常不赞同，并告诉自己身边的人：不要再用我的名字命名街道，或者为我塑雕像等，这是我不愿意看到的。

后来，有记者询问普京的首席发言人："普京本人对用他的名字给街道命名有什么样的看法？"发言人说："普京表示，虽然他没有权利或者机会向任何人施压，但他个人更愿意看到这样的事情不要再次出现；这样的事不仅仅是指用名字来为街区命名，还应该包含为他塑半身像，在教科书上用他的个人肖像等。总的来说，这都不是他支持的做法。"

这就是普京，一个因为自信而成功，因为成功而受人民爱戴的总统，却时刻保持身居高位、不张扬不炫耀的理性风格，自觉地克制膨胀，让自己的人生之路走得更远、更长。其实，从古至今都是如此，一个人只有懂得低调谦和，懂得理性克制，才能不断学习到新的知识，才能与成功越来越亲密。

隐忍，是为了蓄积最强大的力量

在那些成就大事的人身上，人们都可以看到一个共同的特点：隐忍。所谓“十年磨一剑”，一个懂得前进的人，最明白如何积蓄力量，也更能在曲折、困难面前保持冷静与坚持。这样的隐忍，可以让人减少误解和急躁，看清事实、积累实力、等待机会，最终获得真正的成功。

普京强硬、坚持、有能力，是世界上最有魅力的男性之一。可是，在普京初入职俄罗斯政府的时候，却没有如此风光，他就如同一个不起眼的跟班，一直被别人呼来唤去。

普京进入政府部门工作，得益于索布恰克的提携。只是索布恰克很快落选，不得不退出政治圈，而普京的地位也变得尴尬起来。此后，普京在政府机关不断地变换职位，总统办公厅的副局长、监察总局的局长、总统办公厅副主任……6年时间里，普京先后任职俄罗斯多个部门。很显然，当时的普京是被动处于蛰伏状态的，没有人会把他的努力放在眼里。

但是，事实表明，普京不但没有放弃努力，也没有产生任何的不满与抱怨，世界是什么，为什么这样，也许只有他自己心里才知道。他要做的，就是坚定信念，隐忍自我。在普京还没有得到叶利钦认可的那段时间里，虽然他人在总统办公厅工作，直接负责叶利钦的日常事务，但每周最多只能见到叶利钦三四次。在普京的办公桌上，永远都是堆积如山的文件，他除了办公就是办公，人们根本不可能注意到这个只一心办公，完全没有人际交往的小人物。

但随着叶利钦对普京的了解逐渐加深，他发现这个人是个可塑之才，所以慢慢将他往自己身边调动。叶利钦的性格并不柔和，不但爱发脾气，而且让人难以琢磨。他任职总统期间，身边的工作人员调动非常频繁。和这样的总统相处，一不小心就有可能被逐出政府。但是普京却用极为隐忍的方式，全心全意工作，不但成功地留了下来，还成了政府重要领导人。

直到叶利钦告诉所有人：普京就是可以重用的人，他将担任总理。这时人们似乎才发现，在叶利钦身边，原来还有一个不起眼的普京，他个子不高，话语不多，面色凝重。所以，不友善的政治家们非常不理解，为什么他会受到叶利钦的重用，甚至有人说：普京学识不够渊博，用词并不准确。

对于这些怀疑，普京没有做出任何语言上的回击，他认为只有行动才是最有用的。所以，他积极帮叶利钦谋划对车臣武装分子的打击行动，密切关注国家经济动态。叶利钦从这个年轻人的身上，看到了坚毅和果敢。最终，普京接过了叶利钦手中的权杖，成了俄罗斯新一任总统，这让整个俄罗斯政坛都大为惊诧。与普京同在总统办公厅工作的谢尔盖·伊万诺夫为了发泄不满，甚至发表了题为《普京——平凡时代的一个平庸人物》的文章，其中有这么几句：“克里姆林宫还能不能再找出一个更有学问的人？普京是极为平庸的，一眼就可以看出是勃列日涅夫时代的人物。普京，这是一个拥有中等智力发展水平，具有普通需求和极其一般法制观念的苏联人。叶利钦的那一套出人意料之举已经让俄罗斯感到厌倦了，俄罗斯想歇一歇了。”

面对这样的攻击，普京做了什么？他不会跳出来与人针锋相对，也不会做任何解释与说明。因为他知道，这样不但不利于俄罗斯政府的内部团结，也不利于整个俄罗斯的发展。他刚刚上任，要忙的事太多，对这样的声音，他只能充耳不闻。因此，普京用自己的实力平定了车臣恐怖分子的侵扰，用自己的毅力打击了国内的金融寡头，用自己的外交手腕让俄罗斯重新站回国际舞台。而这时人们才明白，当初那些对于普京的抨击，不过是断章取义、恶意对待。因此，人们对普京变得更加支持与认可，谢尔盖·伊万诺夫也成了普京非常得力的助手。

这都是俄罗斯人民眼中的普京，在世界的舞台上，普京隐忍的个性也展现得淋漓尽致。在苏联解体之后，俄罗斯的整体国力都受到重创。布什在与普京会晤时，便不留一点儿情面地痛说普京的不是，甚至表示：普京上台之后，俄罗斯的民主开始倒退，他要把真正的民主带到摩尔多瓦、白俄罗斯等国家。布什咄咄逼人，让普京非常没有面子。

但是，面对布什的攻讦，普京一脸平静，没有进行任何反驳。这不是因为他不善言辞，而是他知道，现在的俄罗斯还不能与美国较量。所以，他用非常平静的语气表达自己的立场，告诉世界，俄罗斯与美国之间关系良好。接下来的时间里，美国对于格鲁吉亚、乌克兰等一系列的行为，普京都极尽忍耐，尽量不去挑起俄美之间的冲突，让俄罗斯在一个极度忍耐的过程中得到了良好的发展。

这就是普京，不争一时之快，面对国家利益能伸能屈。以隐忍积蓄奋起的力量，以等待一跃千里的机会。这种个性需要极大的自制能力，更需要极为豁达的心胸，只有拥有这种个性的人，才是真正深谋远虑的智者。普京做到了，他用隐忍为俄罗斯谋取了发展，用隐忍为自己赢得了世界人民的认可。

中国著名作家、诺贝尔文学奖获得者莫言也是一位懂得隐忍的强者。莫言从小就喜爱文学，后来更是开始自己创作。但是，每次他满怀信心地把稿子寄出去，收获的却是一封封的退稿信。一次又一次的失败，并没有让莫言放弃，他继续坚持着自己的理想。1981 年，莫言终于发表了自己的第一篇短篇小说《春夜雨霏霏》。

1986年，莫言发表了小说《红高粱》，在文坛上轰动一时。但是，他之后的作品受到了极大的争议，许多人对他冷嘲热讽。面对这种情况，莫言并没有急着为自己申辩，而是更加投入地进行写作，终于在2012年获得了诺贝尔文学奖。

生活中，工作里，难免会出现不平与埋怨。你是为一时的快感而逞口舌之快，还是为未来的发展隐忍不发？不同的选择，会回馈你不同的结果。真正的强者，是会用坚定的意志去强迫自己，用坚定的耐心去等待时机的。这种隐忍看似懦弱，实际上却是为了前进铺平道路，那些想要成功的人，想要成他人之所不能的人，不妨学习普京，隐藏自己的锋芒，积蓄奋起的力量。

出奇的冷静造就出奇的成就

冷静是一种智慧，它可以让你看到冲动背后的陷阱，也可以让你预见克制带来的惊喜。同时，冷静更是一种魅力，一种风度，一种品格，它们不仅让你的人生与众不同，还会让你在困难、危机面前保持清醒。有人说：“冷静质疑是理想的筋骨。”如果你可以在事情发生的时候保持冷静，并积极采取对策，那么一切理想都有可能实现。

太多时候，人们会在冲动之下，做出让自己后悔不已的举动，这是因为性格当中缺乏冷静的智慧。但对于普京来说，他最不缺少的就是冷静，15年的克格勃生涯，已经让他充分明白，冷静对于问题的解决是多么重要。就是因为拥有冷静，他的一生才受益良多。

在还没有成为总统的时候，普京根本不受关注，想要通过民意支持来当上总统几乎不可能实现，因为普京这个名字对俄罗斯人民来说非常陌生，很多人甚至都不知道政府里还有一个叫普京的人。相比之下，与他竞争总统职位的对手都有着不俗的实力，普里马科夫、久加诺夫、卢日科夫等人都是俄罗斯高明的政治家，他们不但四处活动，到处制造声势，还对普京发起挑战。面对这些挑战，普京不动声色，依然保持着属于他的冷静与智慧。他没有四处奔波去为自己拉选票，而是依旧如常地协助当时的总统叶利钦处理国际事务。叶利钦看到了他的坚持和果断，从而当众宣布：俄罗斯要提前进行总统选举，而普京将在这段时间内代总统执行工作。

叶利钦此举完全打乱了竞争对手们的计划，而普京在代总统的位置上，再次为自己争取到了良好的声望。那些竞争者，最终只能看着这个并不起眼的小人物成功地坐上总统之位，执掌俄罗斯的命运。

冷静一直都是普京处理事务的风格。有一次，在德国举行的八国集团峰会上，普京在进行演讲时，受到反全球化分子的干扰，这些人还到处散发传单。普京面对当时混乱的场面，非常克制，并且冷静异常。他当着众人的面，从发传单的人手里要了一张传单，然后用特别流畅的德语说："你已经做了自己想要做的事，现在请不要再打扰我们，让我们继续我们的工作。这样是不是民主？这就是民主！"散发传单者无言以对，灰溜溜地走了。就这样，普京用自己的冷静轻松处理了一起混乱，而且用流利的德语让德国听众感受到了尊重。如果当时普京只是一味强硬，不但会引起那些示威者的攻击，甚至还会让德国陷入难堪，从而无法与俄罗斯达成一致的意见。但是，冷静却非常管用，它不但能帮普京化解自身的困境，更让普京始终掌握主动权。

普京不但处事冷静，而且特别善于用冷静的态度来对待问题，再用诙谐的语言表达自己的意见。这样既可以让别人感觉到他的尊重，同时也不能忽略他的意见，从而让他出奇制胜，立于不败之地。

这是普京才有的智慧，更是属于普京独到的冷静法则。虽然他平时并不怎么发声，但在风浪之中却保持一份独有的沉稳与理智，而在这沉稳、理智的背后，其涌动的暗流就足以让对手败下阵去。普京可以从一名普通的学生成为克格勃的一员，可以在叶利钦的手下得到迅速提升，让俄罗斯在千疮百孔中走向新生，无不是拜他这份冷静所赐。

南非国父曼德拉有一次乘坐飞机，他正在看报纸的时候，突然对身边的工作人员说："你看看那副螺旋桨引擎是不是坏了？"工作人员站起来往窗外一看，确实是坏了一个螺旋桨引擎。他立刻冲到了驾驶舱，而机舱里的人已经陷入慌乱。只有曼德拉又拿起了报纸，继续朗读。

幸运的是，飞机最后安全降落了。后来曼德拉在谈起这次经历的时候，说自己当时也很害怕，但是他强迫自己冷静，并感染身边的人，让他们不要害怕。

冷静，让人保持理性，出奇的冷静，让人减少恐惧。不论在什么样的事态中，在什么样的困难面前，如果每个人都可以保持一份充分约束爆发的冷静，那么你的生活将不再恐慌，你的人生同样会取得出奇的胜利。

理性心态决定最终成败

感性固然可以让人的品格更趋于柔和，但理性却能让人生减少意外。心态是否理性，往往决定事件最终的结果。一个追求成功的人，如果不能用理性来约束自我，那么就会有失严密。唯有理性，才会让你得到人生的成功。

在俄罗斯总统普京的身上，总存在着很多让人感觉不可思议的优点，他不张扬，不炫耀，冷静沉稳，同时还一直能够保持理性来面对问题、解决问题。这种理性心态以他进入克格勃的时间为分水岭：青年时代，他为实现梦想孤注一掷；走进工作，特别是成为总统之后，却变得更加坦然而淡定。

普京从来不会无端让他人下不了台，哪怕是对手，哪怕是面对无礼的人，他也一样保持这样的绅士风度。

1999 年，普京尚担任俄罗斯总理一职。某次，他去参加阿尔卡季·赖金剧院的 60 周年庆典。

当普京与警卫一起向外走的时候，走廊里突然冒出来一个醉汉，而且这个醉汉一眼就认出了普京，并与普京打招呼："我是舒拉。"

警卫立刻上前拦阻，但普京已经认出了这个人，他就是莫斯科"讽刺"

剧院的著名演员希尔温德特。

普京并没有在乎他满身酒气，而是自然地伸出手，说："沃瓦（普京的简称）。"

那位演员已经醉得厉害，当场邀请普京说："能为我们的相识去喝一杯吗？"

普京微微一笑："为什么不呢？"

说完，普京向随行人员交代了几句，就和这位醉酒的演员走向了餐厅。

普京对待他人没有级别与身份的区别，只要是友好的，他都可以接受。这种理性心态让普京走到哪里都深受欢迎，所以他的朋友非常多。

在普京成为俄罗斯总统之后，也从没有对那些针对过自己，指责自己粗鲁、愚蠢的人产生过恨意，甚至将之前针对自己的人加以重用，只要是有能力的，他都不会计较对方用什么态度来对待自己。比如，曾经一度质疑普京能力的谢尔盖·伊万诺夫，后来就成了普京非常得力的助手。

当然，普京不仅是在处理人际关系上保持理性，治理国家也同样不忘理性分析、对症下药。俄罗斯最为棘手的经济问题就是一例。

当时，几乎所有的俄罗斯人民都认为国家已经病入膏肓。只有普京认为，只要下力度打击金融寡头，就可以恢复俄罗斯正常的经济状况。所以，普京一上任就提出要治理金融寡头的计划。

对于这样的计划，有人反对，也有人支持。那些支持者认为，必须用重药，直接拿他们开刀才能收到良好的成效。

但普京却认为，虽然经济要治理，但太过激进的治理方案只会让人产生逆反心理，这显然不是治疗"病症"的好方法。

他认为，遵循古老的希波克拉底的无害原则更有利于"治疗"。这种理性虽然看似温和，但不留余地地将经济问题进行了肃清。

最能代表普京理性特质的事件莫过于他出席康斯坦丁·赖金生日的

故事。

当时，作为总统的普京应邀前往著名的“讽刺”剧院，参加康斯坦丁·赖金的生日表演。但是，这里没有政府包厢，也没有办法进行提前布控。

普京到达之前，安全人员使用探测器对当时受邀的观众进行检查。这对于大家来说，无疑是很大的侮辱，观众们对此愤怒不已。

当普京到达剧院时，观众们不肯站起身来表示欢迎。普京的随行人员示意工作人员，要观众们起立，但普京制止了这一行为，因为他非常能理解观众们的感受。

等到他走上台，为康斯坦丁·赖金颁发勋章时，观众也表现得格外冷淡。普京并不介意这种态度，反而给大家讲起了自己在这个剧院里与妻子相识的经过。普京的这一举动，感动了全场观众。

一位总统，不因别人的无礼而发脾气，更不会因为他人的冷淡而有失风度，反而用低姿态打动大家。所以，在普京离开时，全场的观众都站了起来，对他表示由衷的敬意。

第二天，俄罗斯的报纸上这样报道：“当总统与赖金并排站在舞台上的时候，我们可以看到总统的激动神情，他的两只脚都在不停地挪动，并极力用最真挚的情感来措辞。可以说普京取得了成功：他进来的时候，观众们坐着不动，向他示威；但在他离开的时候，却都站了起来。”

这样的普京，已经理智到完全站在他人的立场来看待问题。他知道，想要别人接受自己，只有付出真正的情感，否则，只能换来表面的服从，背后都是抱怨与不平。

有人说精彩的人生应该是：感性做人，理性做事。这句话恰恰就是对普京的最好写照。他置身于国际大舞台，又融于百姓之间，时刻保持理性，自然而然地去发展自己的事业，去打造自己成功的人生。一个人心态的好坏决定一件事情的成败，而事情的成败又会最终导致一个人人生的走向。

一个既能感性做人，又懂得理性做事的人，才能在为人处事中居于有利地位，才能在人生中散发出绚丽多姿的色彩。

把别人当傻瓜的人，才是真正的傻瓜

不忽视任何一个人，才会让自己的位置保持平衡。这是普京的处世风格，因为他知道：如果太过轻浮，再小的浪头，也有可能翻船。

众所周知，叶利钦青睐普京，一手将其推上了俄罗斯总统的宝座。但是，说到叶利钦为什么会青睐普京，普京又如何打动叶利钦，可能知道真相的人并不多，知道真相而又选择相信的人则更少。因为没有人相信，一个人靠着保持沉默就能迎来人生的最大成功。但事实是，普京真的以少说话、多做事切切实实地打动了叶利钦，让叶利钦在这个克格勃出身的年轻人身上，看到了俄罗斯的未来。

在普京刚刚进入政坛的时候，他的顶头上司是索布恰克，与叶利钦之间并无交集。但很快，索布恰克下台，普京有机会进入事务管理局，但当时没人把他当一回事。众所周知，一个没有靠山，又不善于言辞的人，一个出身于克格勃的人（当时的政治家对克格勃一般都会很不信任），在政坛上能有多少分量呢？因此，在很长一段时间内，那些政治人物根本没有把普京当作对手，认为他无足轻重，可有可无。

这时，普京并没有自暴自弃，依然保持着充分的沉着与理智，他不多说话，也不张扬，把所有精力都投入到工作中。他积极上进，还保持着神秘感，很快就成了叶利钦的得力助手。叶利钦想要充分运用普京的能力，但不想让他过早丢掉自身的神秘感。普京非常明白这一点，因此，他顺从叶利钦的意图，一直保持沉默。

当时，叶利钦的培养对象不止普京一人，只不过其他人太注重输赢，相互之间猜疑、暗斗不停，业绩上反而草草。那些人并不把普京放在眼里，认为一个不善言辞的政治家是失败的傻瓜。直到普京用实干获取了叶利钦的信任，他们才蓦然发现，原来自己最大的竞争者一直是普京，而非那些能言善道、自诩能力非凡的人。这个沉默寡言的人，从来没有停止过进步，他用别人钻营的时间，创造了非凡的政绩，也令叶利钦坚定了把总统之位交给他的信心。

哲学家狄奥佛拉斯塔说过：“一个人在交际场合中一言不发，那么这个人不是傻瓜便是强者。”因为傻瓜不知道自己要说什么，只能保持沉默；而强者却很明白，言多必失，不如保持沉默。显然，普京的沉默就是强者的表现，这样不但符合了叶利钦的需要，也不会言多必失，以至于叶利钦由始至终都深信：只有普京才是那个能够承担重任，有能力用行动说话的人。

普京说话不多，但在他的头脑中，绝不是空空如也。他大学读的是俄罗斯著名大学列宁格勒大学；他在克格勃修了国内、国外的历史、地理、文学以及不同国家语言等科目，包括物理、化学，甚至是医药、毒品等。这样一个博学的人，谁能相信他是傻瓜呢？只不过，普京很清楚，想要保持自己的实力，就要迷惑对方。他不会把别人当成傻瓜来看待，永远都不会轻视任何一个人，但也绝不会在别人面前显示自己的才智，就算被人视为傻瓜也无所谓。

应该说，这是普京处世的一种哲学，而且事实也证明，在这个世界上，没有谁是真正的傻瓜，一个将他人视为傻瓜的人，自己才是真正的傻瓜。

被誉为现代电影之父的卓别林有一次认识了一个新朋友，两人一见如故，非常谈得来。后来，这位朋友请卓别林到家里吃饭，于是卓别林很有兴致地来赴约了。这位朋友是一位疯狂的棒球迷，他一见到卓别林，就开始滔滔不绝地讲述着自己与棒球的各种故事，一连讲了几个小时，甚至连开饭的时间都忘记了。他丝毫没有察觉，卓别林对棒球一窍不通，甚至半点兴趣都没有。卓别林并没有因为长时间倾听不感兴趣的话题而感到不悦，也没有因为这位朋友的失礼而认为他愚蠢。相反，卓别林回家后费尽周折要到了一位棒球明星的签名，送给了这位朋友。后来，他们成为了一辈子的好朋友，用那位朋友的话说，卓别林用真正的尊重和纯洁的情感，照亮了他的一生。

不论是为人还是处世，我们都应该时刻保持平和的心态，用低一度的眼光来看自己，用高一度的眼光去对待他人，这才是聪明的做法。因为不同的角度，可以让你看到自己的缺点，同时把握他人的高度。如此不仅能让你心怀谦逊，更能低调处世，并胸有成竹。

Vladimir
Putin

法则六

承担责任，逃避不能解决任何问题

做任何事都要倾注全部热情

没有责任感，也不会有担当。因为一个真正知道敢于去担当的人，绝对不会因为挫折而放手，更不会因为失败而气馁。也只有如此，做人才能坦坦荡荡，才能勇往直前。

1990 年，美国著名短跑名将盖尔·德弗斯被查出患有甲状腺疾病，要接受放射性治疗。那段时间里，她忍受着病痛的折磨和治疗所导致的各种副作用，还险些失去了双眼和双腿。但是她没有放弃自己热爱的短跑项目，当她的身体刚有好转时，便又投入到训练中去了，并且夺得了巴塞罗那奥运会以及 4 年后的亚特兰大奥运会的女子 100 米田径比赛的冠军。但是后来，疾病和伤痛严重影响了她的状态，在那之后的几届奥运会里，她始终与金牌失之交臂。倔强的她却始终不肯放弃，她边接受治疗边训练，只希望自己在一次次倒下去后还能够重新站到田径赛场的起跑线上。她不惧怕任何伤病，不惧怕任何挑战，只要可以继续参加比赛，对她来说就是最幸福的事。

一个人若想成功，做任何事都要投入自己全部的热情。每个人都会有许多宏伟的梦想，可是又有多少人会真的坚持下来走到终点呢？这不是因为梦想有多么遥不可及，而是我们对于自己想要做的事、想要追求的目标总是缺少一份恒定不变的决心。但是，普京却不是这样的人，只要是他认定的事，就会一直做下去，而且会对此倾注全部的热情，直到达成为止。

在普京的身上，最早表现出来的，就是那份异于常人的勇敢与坚持，他只要下定决心，便会向着目标永不停步。普京在很小的时候，就迷恋运动，有人甚至说他是一个体育迷。这个形容恰如其分，因为他的表现已经足以说明一切。他曾经在自传中这样回忆："我从十来岁起，就迷上体育运动了，因为我当时已经明白，单靠好斗的天性不足以使我在大杂院和学校里过人一头。所以，我开始学习拳击，但没过多久，我的鼻子就被打破了，而且鼻尖的伤口完全不能碰，疼得厉害。别人让我去医院做手术，但我不想去，就满不在乎地说：'干吗要动手术？这伤口会好起来的。'确实，后来我的鼻子好了，但我再也不能打拳击，这时我发现了柔道的魅力，从而改学柔道……"

很多时候，孩提时代的梦想会随着时间的流逝而被我们抛诸脑后。可普京偏偏没有，他对梦想由始至终保持着热情。也正是因为这样的热情，普京在柔道上取得了良好的成绩。16 岁，普京成为柔道黑带高手，后来取得柔道教练资格，更拿下了 1976 年的柔道冠军。虽然成为总统之后，普京练习柔道的时间越来越少，但他依旧在自己休息的时候坚持练习。一般来说，普京每个星期至少要练习一次，这种练习让他始终保持柔道高手的功力。普京这样说："柔道不仅仅是一种运动，它还是一种哲学，它让我学会尊重对手，但柔道场上没有弱者；它的确是一种极富教益的运动，直到现在，我还和当年与我一起学习柔道的伙伴们保持着良好的关系。"

这种对于事情投入全部热情，用全身心去完成的好习惯，让普京的人生格外充实，更获益匪浅。普京收获了与教练拉赫林终生亦师亦友的关系，也赢得了同练柔道的朋友们的支持。

不论是在克格勃工作期间，还是进入政府担任领导人职位之后，普京都选择投注所有的热情，用心去做，做到最好。一个人如果连自己的梦想都不能去坚持，连自己的爱好都不能保持热情，那么还有什么是可以让自己为之付出与坚持的呢？只要认真去做，保持一份不达目的誓不罢休的热情，成功会是早晚的事。

没有不成功的事，只有不负责任的人

有人曾经说过：“人生所有的履历，都必须排在勇于负责的精神之后。”可见，勇于承担责任可以帮助一个人成长。一个想要成就事业、获得成功的人，责任心是必不可少的。因为只有当你表现出极度负责，拥有不惧承担后果的勇气时，才会与成功靠得最近。

在很多人的眼里，责任意味着负担，意味着风险。一个内心不够强大的人，是没有办法真正负起责任的。不过，对普京这样的强者来说，勇于承担责任是他做人的最根本原则。

1970年，普京成功考入列宁格勒大学，就读于法律系国际法专业。各门成绩并不是很理想的普京入学之后就感觉到了课程的艰难，而且学校里有着太多的“天才”，他们完全不用花太多心思，就可以将基础一般的普京甩在身后。面对着复杂冗繁的课程，普京没有气馁，他更加努力，不分昼夜地学习。当别人参加派对，出去游玩的时候，普京永远都躲在一边用功读书。

1975年，普京用他优异的成绩向所有人展示了自己的成果。他的毕业论文是《一个国家如何才能获得别国的平等对待》，毕业时的评语是：诚实、纪律性强、具有高度责任感。学校的老师们已经认可了他对自己、对未来的高度责任心。所以，这样的评价是对普京最真实的概括。

普京在学习中以对梦想的责任感攻克难关，在入职克格勃以后，他同样勇于为自己的工作承担责任。当游行的群众包围他所在的苏联办事处的时候，当他打电话求助无果的时候，普京第一个站到了示威人群的面前，义正词严地与示威者进行交涉，并用严厉、不屈服的态度表明自己的决心："如果有谁继续向前，我们就会向他开枪！"这种大义凛然的态度让示威者看到了一个坚强的战士的高度责任心，他们在这样的正能量面前，只有节节败退。最终，普京以自己并不高大的身材，成功地捍卫了国家的尊严。这是普京的责任心，他这样要求自己，同时也这样告诉世人："俄国的训练只有一项，那就是爱你的国家。爱国主义是英勇和力量的源泉，失去了爱国主义精神，就丧失了民族自豪感和尊严，也失去了创造伟大成就的人民。"这就是一个对国家拥有强烈的责任感之人的慷慨陈词，他让俄罗斯拥有了新生的希望。

成为总统后的普京，对国家和人民依旧保持着极强的责任心。为了了解真实的民情，他外出视察时，从来不会怕麻烦，更不会听从官员的安排。他的心里有着高度的全民意识，他认为唯有最真实的民情安乐才是国家前进的动力。所以，普京经常不遵循官员安排的路线，独自走进未事先得到任何通知的农村中去、走到贫穷人群中去。

有一次，普京到农村走访。当一位老人知道他是总统的时候，立刻就对他讲了自己所面临的住房问题。这个问题已经旷日持久，一直得不到解决。普京听完之后，很快便给老人解决了问题。与此同时，他对自己身边的人说："不能再不顾老人们的死活，不能再无动于衷地看着贫穷的儿童哭泣！"

社会学家戴维斯说："放弃自己对社会的责任，就意味着放弃了自身在这个社会中更好的生存机会。"普京深刻地理解这句话，他的人生愿望是国家强大，而强大的国家来自人民的拥护和热爱。所以，他从小便知道要用自己的牺牲去爱国，去为人民负责。

如果每一个人都拥有这样不推脱、不惧后果的负责精神，相信每一个人的人生都会取得成功，每一个人所生活的氛围都会其乐融融。这就是责任心的巨大能量，它会让生命更真实，让生活更美好。

躲得了责任，躲不了后果

每一个成功的人，都有敢承担责任与后果的勇气。作为总统的普京，同样如此，他知道什么是责任，也更加清楚，在事情发生之后，真正地负责任应该是承担后果，想尽一切方法去化解与更正。

2000 年，普京刚上任不久，俄罗斯就发生了一件举世瞩目的大事件：俄罗斯最大的核潜艇“库尔斯克号”在北冰洋进行演习时沉没了。面对这件突如其来的大事件，不管是出于同情，还是别有用心、想要在政治上寻找机会的人，都把矛头指向了普京。国内的大报纸这样评论：“谎言与恐惧是俄罗斯政坛的标志，不牵涉到人民的生命时，海军官员、将军及政府高层不应只是说谎、推诿、考虑个人的政治生命。这是一件大丑闻。”

有些报纸甚至直接指向普京，对他的执政表现质疑：“‘库尔斯克号’上的官兵沉寂了，总统为什么也沉寂了？他到底是怎么想的，认为可以叫官兵的母亲等上五天？”

面对诸多的不理解与压力，普京没有推诿，他勇敢地站了出来，向国民陈述事实，表示自己将会用最大的努力来承担这一后果，进而从各方面提升国防实力，同时也让军力得到提升。

当然，更多的人认为这只是不值得相信的官话，但只有普京心里清楚，如果不能用真实的成绩给俄罗斯人民一个交代，自己的政治就是失败的，自己的言语也是无力的。所以，他针对当时每年的国防经费，全面展开了军需改革。

2004年，让俄罗斯人民不敢相信的是，那个说要改变俄罗斯国防能力的总统真的做到了，他在新年的时候，向所有人宣布：俄罗斯将举行20多年来最大规模的战略力量演习，即“安全—2004”核条件下首长司令部战略演习。这是一场空前浩大的军事演习，不但涉及海军，更有陆军、空军、战略导弹部队以及边防、内务部队。

俄罗斯人民和世界人民都看到了，普京这一次亲自来到了演习现场，登上了世界最大的“阿尔汉格尔斯克”核潜艇，还要在潜艇上度过整整一个夜晚，与演习始终保持同步。其实，所有人都明白，对于演习，总统完全没有必要这样做。但普京却坚持，这似乎就是在用行动告诉俄罗斯人民：曾经的意外再也不会发生了，就算是发生，他作为总统也要与官兵们同生共死。

当天晚上，正是东正教的传统节日“谢肉节”，人人都要吃薄饼，普京就在核潜艇上，与所有的后勤官兵一起，为参加学习的士兵们准备薄饼，与大家一起在大海的深处共度节日。潜艇从水下露出水面之后，普京并没有回克里姆林宫，而是继续到演习指挥部去进行指挥，从而完成整个演习的地、空、海三方合作。

及至夜晚来临，普京完全不顾已经经历了整夜整日的劳顿，直接赶到普列谢茨克。因为战略火箭将要在这里发射，他在参加完导弹发射之后，立刻召开新闻发布会，将整个演习的经过公布于众。

至此，俄罗斯的人民都相信了，自己的总统就是一位敢于负责、敢于冒险、敢于承担责任的人。这种大局意识、大局观念深深打动了他们，而且让俄罗斯的全体将士也同时得到了前所未有的鼓舞。

在人的一生中，是不可能不犯错误的，又或者你必须要为别人的错误买单。这才是一个敢于担责的人，才能让他人对你信服与拥护。2006 年，普京做过一项决策，即《新林区法》的实施。决策中取消了中央政府管制林区的制度，解散所有护林队，将责任下放到地方。可是，第二年就产生了问题，俄罗斯林地发生火灾，因抢险队员人力不足，导致火势蔓延，出现了前所未有的重大火灾险情。

这让当时的俄罗斯党议员古德科夫直接批评普京执政不力，他说："缺少资金，缺少监管，俄罗斯的林地从未出现过像现在这么糟糕的情况。"而当普京赶到灾区时，林区灾民围攻他，甚至有人大叫："政府，滚开！"其中有一个女性大声指责普京："为什么政府没有提前采取预防措施？"

这样的现实，这样的场面，已经完全失去解释与说明的意义。普京什么也没有说，他穿着牛仔裤和衬衣，非常平静地乘坐直升机与救火队一起参加救灾灭火。这就是一个总统的作为，他不想过多解释，他认为对于后果最有效的化解就是拿出行动。而事实是，人们也更相信这种直接的表达方式：用行动去对后果负责。

有句话说："不谋全局者，不足以谋一域。"普京之所以做总统，之所以被俄罗斯人民一直拥护，与他谋全局、敢行动、为后果负责的行为分不开。事实上，普京任职期间，几次在挫折与打击面前，他都是以这样的做法让人民信服的。应该说，这是一个人想要成功的基本素质，如果你没有决心去践行责任，没有勇气去面对后果，那么成功也会离你越来越远。

男人要有“舍我其谁”的使命感

很多时候，人们之所以会与成功失之交臂，并不是因为能力不足，而是对于成功的决心和坚持不够。从历史上看，那些成功的著名人物对自己的目标非常明确，甚至拥有“舍我其谁”般的使命感，才会最终取得超越他人的成就。所以，当面对目标的时候，舍我其谁的使命感是非常重要的坚持，它可以让你踩着一切困难，迎难而上，最终到达胜利的巅峰。

普京一直认为，不管是什么时候，不管面对什么事情，男人都应该有一种不认输的劲头，更要有舍我其谁的使命感。

中学时期，普京接触到了有关克格勃的书籍，更看到了苏联宣传克格勃功绩的电影。这对他的影响非常大，并让他由一个调皮的小男孩儿，成长为一个时刻愿意为人民、为祖国献出生命的有志青年。在他明知自己成绩并不理想，想要考上理想的通向克格勃之路的大学非常不容易时，他并没有放弃，不但努力学习，同时克服了很多压力。这其中有柔道老师的劝阻，也有父母的劝说，更有同学们的质疑。当时比普京高一级的朋友非常炫耀地对普京说：“普京，我现在已经是一名大学生了。”而普京头也没有抬，只是这样回了一句：“你看着好了，我一定会考上大学。”

这就是普京对于自身使命的坚持，在他看来，只要是自己认定的事情，只要是有益于目标实现的事情，再困难也不会放弃。他会采用一切手段来解决问题，会将过程当成完成自己使命的机会，从而更加努力。

如今，对于普京来说，人生最大的目标就是让俄罗斯发展壮大，让俄罗斯的人民安定幸福，而他的榜样恰恰就是俄罗斯人民所崇拜的彼得大帝。所以，普京对所有的俄罗斯人民承诺："给我20年，还你一个奇迹般的俄罗斯！"自普京上任以来，不管遇到怎样的困难，即便是危及生命的时候，他都没有动摇过自己的信念。

在普京刚刚就任总统不久，恐怖分子劫持了俄罗斯的一架飞机，同时对政府提出了很多条件，并且用人质威胁政府：如果条件得不到满足，就会每天枪毙一个人。恐怖分子说到做到，当场就将飞机上的一个人质一枪击毙，并从飞机里推了下来。面对这种血腥与暴力的场面，政府官员们震惊不已，他们不知道如何来进行谈判，如何对恐怖分子的要求进行回应。普京知道之后，不顾安全人员的阻拦，很快就赶到了现场，亲自面对恐怖分子，一边关注事态的发展，一边镇定自若地思索。最后，普京亲自指挥给飞机送食物的人员，在食物箱底放了两枚气体麻醉弹。恐怖分子将食物打开之后，飞机里所有的人很快都失去了知觉。

这时普京才让人冲进机舱，将人质一一营救出来，恐怖分子也悉数落网。这个事件虽然充满了危险与刺激，但对于普京而言，只是一个必须由他解决的小问题，他不会将危险放在眼里，更不会让恐怖分子得逞。这件事一出，俄罗斯的人民几乎同时欢呼，认为自己国家的总统才是真正务实、敢作敢为、大义凛然的英雄。

普京不仅对自己的能力、人民自信满满，同时也非常理智冷静地面对个人行为对于国家的影响。当两任总统任期到期时，所有的人都不愿意让普京下台。但他却不肯为了让自己连任而修改国家法律，他认为自己的使命就是让国家保持稳定、有序，不能因为一个人来随意变动法律，哪怕这个人是自己，哪怕自己是为了国家。

不过，退任总统的普京并没有退出人民的视线，他对人民说："我虽然不是总统了，但还不能休息，因为有太多事需要我去完成。"可以说，这种舍我其谁般的使命感贯穿了普京的整个政治生涯。曾经有人这样问普京："外界传说你的身体状况出了问题，这是真的吗？"普京却回答："我的身体非常好，说我患病，不过是对手一厢情愿的幻想。"当再问他："你会永远做俄罗斯的总统吗？"普京却这样回答："不会，这对于国家不合适，有危害。"同时，他还表示："在宪法允许的情况下，我会连任，但我也会竭尽所能为国家服务，并且一定是在宪法框架内行动。"

国家利益高于一切，个人必须服从于国家发展，这就是普京这个大男人的使命。而这种将国家利益放在最高位，将自己视为为国家而生的人，是一定会成就被载入史册的功绩的。其实，不管是面对国家大事还是面对个人梦想，如果人人都可以有普京这样"舍我其谁"的大男人使命感，那何愁生命不会发光发亮？又何愁人生的梦想不会实现？

责任感让男人无所不能

责任感，在某种意义上说就是付出。但是，真正有能力的人却格外喜欢这种付出，因为它不只让你拥有向前的动力，还会使你在经历风雨之后，迎接彩虹的出现。这就如同追求成功一样，如果不想经历艰难困苦，又怎么可能拥有真正意义上的成功？所以，不要将责任看成负累，它会指引你前进，让你无所不能。

普京从小就知道很多问题只能自己面对、自己解决。因为在他的心里，责任感始终指挥着他行动，而一个没有责任感的人会惧怕问题，也不愿面对事实。普京从不酗酒，也不吸烟，更不贪财、亲近女色，这种高度自制的背后，就是对自己、对身边人、对国家的一种责任感。

2004 年 9 月，俄罗斯南部北奥塞梯共和国别斯兰第一中学发生恐怖分子绑架人质事件。当时，学校正在举行开学典礼，校内有家长、学生、老师等大量人员，他们同时被恐怖分子作为人质关进了体育馆内。为了防止政府解救，恐怖分子在体育馆周围安放了炸药。当时，普京正在黑海海滨城市索契。收到消息后，他第一时间返回莫斯科，指挥俄罗斯相关部门开会进行讨论，并于 50 分钟后与恐怖分子进行接触。经过两个多小时的谈判，有 15 名儿童被释放，但恐怖分子强调，如果有一个恐怖分子被打死，就会当场杀死 50 名儿童。

为了尽快解决问题，遏制事件升级，最终，俄罗斯特种部队介入，与武装分子展开当面对决，由于双方交火，致使300多名人质死亡。这是俄罗斯历史上最严重的恐怖主义袭击事件，甚至有人说，这都是普京采用强硬手段所引发的后果。面对国民对反恐、制恐的不理解，普京除了安抚与慰问，没有说一句推脱责任的话。他充分理解人们内心的不安与失去亲人的悲痛，为此，他也同样感到自责不已。当他看到自己的国民受到外来力量的袭击时，当他感受到国民正在因为自己的不足而遭受伤害时，普京发誓：一定要强大俄罗斯，一定给国民最安全的生活保障，他不允许任何人伤害自己的国民。

2011年，欧洲爆发大肠杆菌疫情，而疫情的源头与产生又不够透明，这场疫情致使欧洲至少9个国家受到牵连，德国则成为重灾区，染病者达到1733人，死亡18人。面对来势汹汹的疫情，普京立刻下令：俄罗斯全面禁止从欧洲进口蔬菜，直到欧盟公开疫情传染源、传播机制和蔓延区域的全面信息之后，俄罗斯才会重新考虑从欧盟国家进口蔬菜。

这种做法对欧盟显然是很大的威胁，欧盟立刻站出来，要求普京取消这一禁令，说这样的决定不但不恰当，也缺乏科学依据，同时与世贸组织的规则相违背。言外之意，如果不遵守世贸组织的规定，则将取消俄罗斯世贸组织成员国的身份。

面对这样直接而强大的威胁，普京没有任何让步，他说："俄罗斯政府不会仅仅为了遵从世界贸易组织的原则，就让俄罗斯消费者受到毒害。我们不能为了WTO的宗旨就让自己的百姓中毒……我当然会调查卫生部门做出的这个决定是否恰当，但最起码要等到我们的贸易伙伴们发现这种感染的源头。"

这就是普京的责任感，因为这强大而一直坚持不变的责任感，普京获得了足够的成功。从他初为俄罗斯总理只高于1%的民意支持率开始，到他第二任总统任职的后期，民意支持率上升到86%，这在所有的国家、所有的历史中都是罕见的。他曾经这样回答询问他是否会继续参加后期的总统选举的人们："人最大的错误就是把今天的工作和未来的利益挂钩，这种问题不仅存在于地方，也存在于联邦；人们一旦开始考虑支持率，考虑选举，考虑如何在未来选举中行事，就会立刻感到自己束手束脚，就可能做出'必需的但并不总是令人愉快的'决定。"

显然，这种束手束脚，这种必需的但并不令人愉快的决定就是有违责任感的事情，普京对这样的事情会不屑，也不肯为了利益而做出有违责任感的事来。所以，普京是成功的，直到今天，他依旧是俄罗斯人民心目中的奇迹，依旧是世界人民眼中最有影响力的魅力人物。因为，责任感让他无所不能。

改变这个国家是我的使命

著名的思想家爱默生曾经说过：“伟大高贵的人物最明显的标志，就是他坚定的意志，不管环境变化到何种地步，他的初衷与希望，仍然不会有丝毫的改变，而终至克服障碍，以达到所企望的目的。”这种坚定的意志来自一个人内心神圣的使命感，拥有使命感的人，会为他所认定的目标去努力、去奋斗，直到目标达成。完成使命的同时，也为自己的人生迎来意想不到的成功。

在普京的眼里，自己的一生就是为国家和人民奋斗的一生，他没有丝毫个人利益的考量，唯一想要的，就是可以改变俄罗斯百废待兴的现状，就是让俄罗斯的人民过上好日子。正是因为如此，他才会异常坚定地说：“给我 20 年，还你一个奇迹般的俄罗斯！”

众所周知，叶利钦时代的俄罗斯已经千疮百孔，经济不断下滑，国家实力衰退不前。每一个俄罗斯人都很清楚，俄罗斯的命脉就在少数几个金融寡头的手中，而那些政府的官员与金融寡头们都有着说不清道不明的关系。就是在这种情况下，普京产生了竞选总统的想法。

虽然普京从克格勃出来之后，一直低调认真地为政府做事，但他从来没有想过有一天自己可以成为总统。有人说，在国家领导人一起出现在镜头前的时候，普京永远是站在最远、最不起眼的角落里。他甘做幕后英雄，甚至有人将他称为索布恰克的“守护天使”。

但是，随着普京对俄罗斯问题的了解逐渐加深，这个生长于工人之家的年轻人感觉到，如果俄罗斯不改变，未来堪忧。而且，在普京的心里，从小就有一个英雄梦，不管是进入克格勃，还是进入政府部门工作，他都是为了爱国，保护人民。这种英雄情结让他站出来，如同使命一般，去为改变俄罗斯而努力。

在普京成为总统之前，曾在《千年之交的俄罗斯》一书中阐述了自己对于俄罗斯未来形势的担忧：“俄罗斯二三百年来，首次真正面临沦为世界二流国家，抑或三流国家的危险。”显然，在这样的前提下，普京才大胆地将自己的人生角色做了改变：要成为改变俄罗斯的那个人。

入主克里姆林宫之后，他果断而坚定地提出，一定要让国家 GDP 在 10 年内翻番，要消除贫困，这是最初的两步，然后会持续发展国力，让俄罗斯重新成为世界大国，站于世界的舞台之上。为扭转经济颓势，走出危机，普京不但大胆与恐怖分子进行较量，更敢于与金融寡头、国家官员，甚至是叶利钦斗智斗勇，让国家在有秩序、可控制的状态中稳步发展。

普京为这些事忙到昏天黑地，但俄罗斯国内从来没有少过质疑普京的声音。有统计称，普京任职总统的前两个任期之内，至少经历了 8 次特别危险的暗杀。

第一次就发生在普京参加索布恰克葬礼时，恐怖分子悬赏 250 万美元要取他的人头。所以有人在葬礼中制造混乱，乘机进行暗杀。不过，当时普京有一个真假难辨的替身，两个“普京”的出现，完全打乱了暗杀者的计划，致使暗杀失败。事后，普京非常坦然地独自走在莫斯科大街上，用自己的勇敢对想要暗杀他的人宣告：有本事你就来。

接下来，果然就有了第二次、第三次、第四次……8 次暗杀虽然都有惊无险，可却让他在世界暗杀目标排行榜中上升到了第二名。面对这样危机四伏的生活，普京从来就没有后退过，甚至表现得更加强硬与勇敢。他非常成功地让俄罗斯的国民经济和国家实力都取得了进步。至2007年，俄罗斯的GDP平均增长接近7.3%，这是同一时期内世界经济水平发展速度最快的国家之一。与此同时，俄罗斯的国力得到复苏，不但成为“金砖四国”之一，还成了具有活力和前途的新兴市场之一。

至此，没有人怀疑这个个子不高、实力非凡的领导人了，他说到做到，他视国家的改变为使命，让全国人民看到重生的希望。普京自己这样表达对国家的热爱：“每个人都说自己热爱祖国，我们所有人都爱国，但我真切感觉到自己是人民的一部分，无法设想如果获得第二次生命却生活在俄罗斯以外的情况。”所以，不管面对怎样的危险与困难，普京都不会屈服，他就是那个以改变俄罗斯为使命的男人，他会“竭尽全力不负民众的信任”，在未来的道路上，“必须继续工作”。

需要的时候，出现在需要的位置

履行责任实际上就是一个人对自我良知的遵从，只有那些有良知的人，才会有勇气坚持。如果不能遵循良知的指引，去忠于自己的责任，哪怕力量再强大，也可能误入歧途。

永远在需要的时候，出现在需要的位置上，普京用责任感打动了挑剔又暴躁的叶利钦，成了俄罗斯最受尊重的国家领导人。

其实，早在普京还在克格勃工作的时候，他对自己的定位就非常明确。这个岗位不能声明自己的政治倾向，只能以服从为命令，以完成任务为根本。所以他作为苏联共产党党员，在15年的时间里，从来没有质疑过自己工作的意义，也从来没有忘记过对党的政治纲领的忠诚。哪怕是在他成为总统之后，依旧这样说："我曾经是一个正常的苏联人。"

进入政府部门之后，普京便一心跟着索布恰克工作。索克恰克是曾经教导他如何学习、如何进行政治工作的恩师，普京一直视他为自己工作的最高指挥者，处处服从，时时遵循。

1996年，索布恰克在圣彼得堡州州长选举中败北，随即遭遇政治对手的打击报复，面临着锒铛入狱的危险。此时的普京表现出了一个学生、一个部下对自己老师和上级的忠诚与责任。他追随索布恰克离开了圣彼得堡市政府，并说出了后来被俄媒体广泛报道的一句话："宁愿因忠诚被绞死，也比背叛偷生好。”

同年 8 月，普京应丘拜斯之邀前往莫斯科，在叶利钦政府身居要位。但他并没有忘记自己的恩师索布恰克。

普京的仕途并不平坦，当他终于坐到俄罗斯联邦安全会秘书这一位置的时候，他几乎已经积蓄了足以营救索布恰克的力量。他最终通过精心的计划，从芬兰租了一架飞机，在一个深夜，把索布恰克救了出来，并成功地送去法国，寻求到了政治避难的机会。做这件事，普京很清楚对自己意味着什么，叶利钦很可能会根据当时的法律，将普京判以极刑。

不过，普京并没有害怕，他于事后亲自向叶利钦坦白经过。叶利钦问他：“你为什么要这样做呢？”

普京却只有一句话：“因为他是我的老师。”

叶利钦却笑了，他告诉普京，普京的作为表明他是个可以信任的人。

后来索布恰克的事情见于报端，各种猜测与炒作不绝于耳，普京面对这个问题却只回了媒体一句话：“宁愿因忠诚被绞死，也比背叛偷生好。”这种果敢与忠诚，让叶利钦非常感动，更坚定了要培养普京为自己的接班人的决心。

索布恰克在法国去世之时，普京已经成为俄罗斯总统，他再次力排众议，将索布恰克的遗体接回，并公开前去祭奠。媒体都这样说：“普京这种行为，只说明他是一个真正的男人，是一个可以让人托付的大丈夫。”

这种敢作敢为的男子汉做派令很多人钦佩。所以，在第一任总统任期结束时，人们便再次将支持票投给了普京。不过，好事多磨，第一次投票虽然是普京的票数最高，但投票率没有超过俄罗斯人数的 50%，因而被判为无效。第二次投票时，普京最终以 71.2% 的支持率重回总统之位。

普京站在人民面前，显然有些激动，他只用自己饱含深情的声音，再次简短而直接地告诉俄罗斯人民：“我向你们保证，我将以同样的模式工作。”这就是一种宣言，一种对自己位置的确定。俄罗斯人民顿时欢腾起来，而著名的汉学家奥夫钦尼科夫这样说："从20世纪90年代初，苏联解体以来，俄罗斯人民就一直生活在社会动荡中，偷盗、抢劫、凶杀、生活水平下降……一切都让老百姓感觉到迷茫。普京掌管国家权力之后，他依法治国，加强社会治安，逐渐改善社会秩序，这正是俄罗斯人民渴望的安全有序的社会……"著名的学者罗伊·麦德维杰夫则这样总结说："普京是在需要的时候，出现在需要的位置上的有用之人。"

确实如此，普京清楚地知道自己应该做什么，不应该做什么。他永远在需要的时候，出现在需要的位置上，来履行自己的责任，从而成为承担责任、敢于付诸行动的人。这种忠于职守的风格，是一种个人精神财富，让他在自己的人生道路上越走越顺，也让俄罗斯快速走上民族复兴的道路。

Vladimir Putin

法则七
剽悍的男人，对手只有自己

迎难而上，咬定青山不放松

“逆水行舟用力撑，一篙松劲退千寻。”在人生的行走过程中，任何事情都如同逆水行舟，不进则退。只有在困境中保持不断向前的激昂状态，才可能成就不凡。作为男人，就是要时刻保持迎难而上的决心与勇气，永不放弃拼搏与奋斗！

希腊新喜剧诗人米南德说过：“谁有历经千辛万苦的意志，谁就能达到任何目的。”1832年，美国前总统亚伯拉罕·林肯失业了，他目睹了国家当时的局面，决心要做一名政治家来改变国家的命运。但是现实总是残酷的，他第一次竞选州议员失败了。随后，他又经历了一次破产，不得不为了偿还债务而开始长时间的奔波劳累。在那之后，他终于如愿以偿当选了州议员。可好景不长，家庭的变故使他的身心都遭受了严重的打击，在之后的州议会议长和国会议员的竞选中，他又先后两次经历了失败。即便到后来他成为了国会议员，也没能实现连任，就连谋求一份工作的机会也被剥夺了。直到1860年，在他又经历了两次参议员和一次副总统竞选失败之后，终于实现了自己的梦想，成为了美国新一任的总统。

一个普通人，往往会因为生活的平淡而消磨了自身的锐气。可一个心存大志的人，却永远不会失去勇往直前的勇气。普京就是一个时刻保持激昂、时刻准备迎难而上的男人。无论局面多么糟糕，他似乎都能轻松驾驭，运筹帷幄。他的心里一直都很清楚，面对困难，想要随波逐流的男人永远没有未来，因为真男人就是要有咬定青山不放松的精神！

1999 年 12 月 31 日，普京从一个默默无闻的人忽然变身为俄罗斯的代总统。这种急速而突然的身份转换，不但他自己的内心需要调试，更需要全体俄罗斯人民的适应。而以大寡头别列佐夫斯基为首的金融巨头们，完全不想认可这个事实。因为普京一上台，就展开了对金融寡头们的清理，这是他们无法容忍的。这些人为了打击普京，就以“美化”总统形象为借口，利用自己旗下的电视频道，通过改编木偶剧讽刺普京。

木偶剧是根据德国作者 E.T.A. 霍夫曼的《小查克斯》童话改编的，故事讲述了一个原本丑陋无比的小矮人，在请一个仙女为自己施魔法后，变成了人们眼中的帅小伙。别列佐夫斯基正是借此讽刺普京的身材矮小，他要求电视频道不断播出，以宣扬对普京的不满。

面对这样的挖苦讽刺，普京什么也没有说，甚至在别人提起来时还装作不知情，只是云淡风轻地回一句：“哦，是这样的吗？”可是，在他淡定的背后，却一点也没有停止对这些金融寡头的打击，不仅干脆利落，而且其力度之大，让整个俄罗斯人民瞠目，几乎每一个人都感受到了普京超强的个人魄力。

不仅如此，普京上台之后的土地改革方案也同样受到大家的质疑，就连叶利钦都站出来公然反对。但普京依旧抱着必须改革的决心，勇敢向前，他一定要让俄罗斯人民看到他将要带给俄罗斯的改变。首先要改的就是个人税率问题，当时俄罗斯的情况是，税率不断下滑，个人所得税从最高的 30% 减到 13%，而公司企业税则从 35% 减至 24%。老百姓都不肯交税，说生活让他们交不起税，而公司则想方设法地偷税漏税。

普京非常清楚，如果不对这个现状进行改革，那国家的预算就会出现一个巨大的黑洞，那么俄罗斯也就真的没有办法复兴了。所以他要求出台一部新法，这其中既要包含税率，也要包含打击洗钱的措施，以及拆散一些国有垄断行业。这种行为不但招致了各公司、企业的不满，人民也同样不认同。当时普京点名主办这件事的格列夫、库德林都非常为难，只能以最小的改动回复普京。但普京对这个方案并不认为，问他们自己对这个方案有没有把握。他们回复道：“如果做不好我们可以辞职。”

可是普京却说：“对不起，可我不会批准你们刚刚的方案，你们这是完全不成熟的计划，你们觉得辞职就能弥补预算所出现的亏空吗？从政治角度来说，你们辞职也无法弥补这一损失。”没有办法，格列夫他们只好再去制定全新的计划，最终提交了让普京满意的方案。但普京满意了，国际货币基金组织却很不满意。格列夫回忆说：“当时我们仍然与国际货币组织驻莫斯科的办事处保持着很好的合作，可他们拒绝批准我们的方案。”

普京并不为所动，他坚持要按自己认可的方案进行改革。面对这一切压力与不满，普京始终没有退让，最后这一改革方案终于成功通过。格列夫在日后回想时，依旧非常感慨，说：“那是一个历史性的时刻，但我们还是赢得了俄罗斯的土地改革。”这就是普京，不管面对多大的风浪，不管前方有多黑暗，他都会毅然前行。因为在他的人生中，他一直坚信：狭路相逢勇者胜！没有蔑视困难与挫折的大无畏精神，就不可能有风雨过后的美丽彩虹。

这种决心与信念，对于任何人都是一种激励。当你已经决定向前行进时，就应该放弃随波逐流的悠然。迎难而上纵然需要坚毅笃定的精神，甚至要付出不为众人所理解的艰辛，但收获的也绝对是他人所不能企及的巨大成就。

把特工看作是具有挑战性的职业

在克格勃工作期间，普京从一个内向、不善言辞的人，逐渐成长为对形势保持高度敏感、思维缜密的专业特工。在总统生涯中，普京曾经成功躲开8次暗杀，并让恐怖分子恨得咬牙切齿。这足以说明，克格勃生涯带给普京的，绝不仅仅是能力上的提升，更有着不惧挑战的顽强毅力。

特工这份工作，不是人人都可以胜任的，但是，在人生当中，挑战却无处不在。当你面对新的开始时，当你要进行人生抉择时，哪种挑战都足以让人纠结。可是，在普京的世界里，每一个未知，每一次新的开始，都是人生最富有魅力的挑战，它可以让自己的人生更有滋味，让自己也更加与众不同。对于挑战，普京从来都是欣然接受。

当普京还是一个小男孩儿的时候，就已经开始在面对挑战了。1965年，小说《盾与剑》出版，这本小说的主要内容是侦察员通过各种手段，最终在重重危难中完成任务。这类刺激性的工作，深深打动了当时还没有人生定位的普京。他的一位朋友这样回忆：普京在读完这本小说之后，就完全入迷了，对于有侦察员的电影更是每场都不肯落下，他每天谈的，甚至晚上梦到的都是这个侦察员。

书中侦察员接受的一次又一次超出常人想象的挑战性任务，让普京为之痴迷。故事中那些英雄人物让普京崇拜不已，他们不惧危险，不怕牺牲，能将不可能化为可能，能完成常人所不能完成的事情。这种英勇而坚定的英雄作风，让普京找到了认同感，并很快将自己的人生定位在了克格勃这项工作中，他甚至在很长一段时间里，都将特工杨·卡尔洛维奇·别尔津的照片夹在自己的书里，用来激励自己。

不过，为了成功进入克格勃，普京所付出的努力是常人难以想象的，他甚至为此放弃了他所热爱的柔道和甜蜜而温馨的初恋。在普京看来，一切都比不过富有挑战性的克格勃工作。当然，普京也早就做好了为这份工作、为祖国和人民，时刻贡献出自己的生命的准备。

在德国工作的那段时间，普京的工作看似轻松，可是想要得到情报信息并不容易。这种生活简直可以用提心吊胆来形容，因为没有人知道，什么时候自己就会暴露，什么时候就可能被对手一枪击毙。如果不是心理素质超强的人，根本没有办法承受这样的生活。但普京却一直非常从容，在15年的时间里，他从来没有因特工生活的不可预见性以及无常性而有所抱怨，更没有想过放弃这份工作。

在德国搜集情报的时候，有一次，德国德累斯顿的群众在示威中捣毁了民主德国的安全部指挥所，他们认为苏联的秘密警察就在里边，要将他们赶出德国去。

当时，普京就在德累斯顿分局工作，当天他的上司一个都不在。面对不断涌来的群众，大家不知如何应对。普京却镇定异常，他一边让边防军荷枪实弹，在窗口坚守“阵地”，一边又告诉同事，他要出去与群众谈判，如果对话失败，那么后面的人就要开枪以求自保。

显然，普京的疯狂行为吓到了同事，也让那些激动的群众有些意外。别人都在躲，为什么他敢于站出来，并担下这份责任？但事实是，不管人们怎么想，普京已经将危险抛诸脑后。幸好经过一番理智、富有逻辑的对话之后，德国的民众最终接受了普京不卑不亢、条理清晰的解释。

这一切，都归功于克格勃对于普京的培养，让他懂得了在大事面前不慌不乱，在危机到来时头脑清晰的道理。也正是因为如此，普京才一直这样对外承认：“我从来不后悔自己在那里度过的所有日子。”

成为俄罗斯的总统之后，普京更加动情地说：“我对克格勃向往已久，我就是喜欢情报工作，因为我有远大的理想，我认为我可以利用我的专长成为社会上最有用的人，我愿以我的青春和热血为祖国效力。”

这是普京的心声，他一直都把特工看成是最有挑战性的职业。经历了这样的职业生涯，他的人生变得丰满。而且克格勃工作中的挑战性让他看到了对未来的期待，同时也寻找到了体现自身价值的机会。所以，普京才会在他的人生中，一次又一次坦然接受挑战，并成功完成挑战。

亲驾飞机救火，威猛不减当年

一个真正的强者，是一生恒强的，不管在什么地方，也不管面对怎样的困境，那股强者的风范都会永远保持。

在大众眼中，普京是一个强势的男人。人们都还记得，普京曾经亲自驾驶苏-25强击机，在空中飞行了10分钟。当时，人们被他的行为惊呆了。虽然他曾经是克格勃，但多年的文职生涯似乎让他的技艺有些生疏，没有想到事隔6年之后，他却轻易地驾起了强击机，而且娴熟自然地飞行了10分钟。这样技能全面的政府官员，不论在哪个国家都是很少见的，又怎么可能不让人叹服。

可是，普京并不是一个只让你惊艳一次的领导人。2000年，已经身为俄罗斯总统的普京，再次让所有人感到震惊。为了展示打击恐怖分子的决心，为了让人民看到一个无所畏惧的领导人，普京驾驶苏-27战斗机，在格罗兹上空视察。这一行为，无疑展示了俄罗斯打击恐怖分子的决心，也同时镇压了恐怖分子的嚣张气焰。

不过，如果你认为普京的惊人之举到此为止，那就错了，普京不会因为年龄的增长而停止对于自己的要求。

2010年，普京已经58岁，这时他已经卸下俄罗斯总统的重担。可是，身为总理的他却一刻也没有忘记自己身上的担子。这一年，俄罗斯梁赞州发生了前所未有的重大火灾，大火迅速蔓延开来。时值8月，千年一遇的高温已经让人们忧心忡忡，再面对百年未遇的森林大火，人民完全绝望了。

大火烧毁了 2000 多处房屋，3500 多人无家可归。普京从莫斯科火速赶到梁赞州，赶到灾区，马不停蹄地坐上了消防飞机。首先，他对地面火情进行了全面了解，然后他一边观察火情，一边询问消防飞机的一些具体操作方法。很快，他便坐到了副驾驶的位子上，亲自开始灭火工作。这时，大火正向着另外两个村庄蔓延。普京先是驾机在河中稍停了数十秒，为飞机汲水，然后直接飞起，在火点上空按下喷洒按钮。

这一系列熟练的操作，就如同普京是一个参加灭火工作多年的人。而他的这种行为，不但让灾区当地的人民得到了鼓舞，更让全俄罗斯人民热血沸腾。总理不顾个人安危，亲自上第一线参与灭火，也再次让人们感受到普京当年初上任时的虎虎雄风。人们体内蓄积的那种力量得到点燃，不管是受灾者本身，还是志愿参加救灾的人员，都表现出了前所未有的勇敢与坚强。

此时，却有西方记者指出：俄罗斯的这次火灾将会对生态产生深刻的影响，还说火灾所反映的正是俄罗斯国家功能失调的问题，更暴露了政府内部的权力之争。面对这种不实的报道，普京并未回复。反而是俄罗斯人民非常激昂，说："西方记者一直会抓住各种机会来唱衰俄罗斯，但他们并不会得逞，就算发生了火灾，俄罗斯人民对于现在的政府支持率也会比西方国家对于自己政府领导人的支持率高得多。"

当普京将自信放在民众身上，人民自然也将自信放在了自己的领导人身上。所以，不管面对怎么样的困难和打击，人民总是会站出来，与自己的领导人站在一起。这充分表现了一位领导人的成功，更说明了行动强硬的普京是人民心目中可以依赖的人。

别惹我，用实力嘲笑对手的威胁

当你面对敌人、对手时，如果拿不出实力，只会一味愤怒，对自己毫无助益。相反，当你拥有了强大的实力之后，用行动说话，让事实证明自己，这才是对敌人最有力的回击，才能让你拥有嘲笑对方的资本。

在美国拉斯维加斯举行的女子次重量级决赛中，拳王阿里的女儿莱拉·阿里以一记漂亮的左勾拳击倒对手，最终以绝对压倒性优势第三次获得这个级别的冠军。莱拉·阿里的拳速和步伐令每一个对手都感到胆寒，但是自从她站到拳台那一天起，各种质疑之声就伴随着她的左右。有人说，她只是浪得虚名，不过是借助父亲的威望才有了今天的成绩。但是，她却用实力证明了自己，靠自己的努力成为女子拳击的大明星，让所有质疑自己的人闭上了嘴。

强大的实力胜过任何雄辩的语言，而普京也是一个用实力说话的人。从叶利钦时代起，人们就对普京有着若干认知。有人说普京是强硬的，有人说普京是聪明的，也有人说普京是低调的。但事实是，普京除了集合这若干优点于一身之外，更喜欢用实力来证明自己。

在普京还没有成为俄罗斯总统的时候，他就已经拥有了这种用实力表现自我的本领。初到联邦安全局任职局长时，普京在众多官员面前并没有多少资本可以炫耀，因而，更多的时候，他都用沉默和实力来表现自己。

可是，联邦安全局的局长尼古拉·柯瓦廖夫中将突然被撤职的现实，还是让其他安全局人员感觉很不理解，同时也不能适应，所以很大一部分人在为自己找好了后路后，便找借口申请辞职。普京当然知道这样的大换血对安全局意味着什么，他冷静地审视这些人，选择性地批准了这些辞职申请。他很清楚，自己必须要保留一个实力强大、无懈可击的俄罗斯联邦安全局。他不但对内部人员进行了调整，还进行了全新的职务任命。与此同时，普京非常懂得培养自己的力量，将可以委以重任的人安排到适合的位置上去，以确保自己的政策可以顺利执行。

当然，普京并不是任人唯亲，只要是有能力的人他一定会予以重用。不过，这样大刀阔斧的调整却引起了很多人的不满。特别是时任俄罗斯总理的普里马科夫，他到处说普京私自安插自己的人，将安全局弄得一团糟。

面对这样的污蔑，普京很生气，但他并没有与对方进行口水战，而是立刻召集自己调入安全局高层的官员们，径直前往克里姆林宫，他要当着所有政府重要官员的面，澄清这种误解。

当时，克里姆林宫的领导们格外惊讶，他们不知道普京带着这样一群人来到克里姆林宫想要做什么。可是普京却很镇静，他让那些官员一字排开，然后各自将自己的职位、出身以及特长都讲出来，甚至连履历也一一放在大家眼前。

当安全局的工作人员一一自报家门之后，普京才站起来，说："这是俄罗斯军人的身家，他们不会以此开玩笑，所以没有半句谎言。但是，如果还有人因此而怀疑我在滥用职权，为自己安插私人力量，那么，现在就请你把证据拿出来吧。"

面对这样的有力回击，人们的眼睛齐刷刷地看向普里马科夫，他当场窘态横生，满脸通红，一边挠着头皮一边非常不情愿地说："好吧，我收回之前说过的话。"普京这才站起来，对大家说："现在，我已经证明自己在联邦安全局是清白的了，大家可以回去继续工作了。”

这就是普京，不向对方低头，不逞一时口快，只以实力来回击对方。当然，面对同僚，普京尚可点到为止，但对于那些想要挑战普京底线的恐怖分子，他可没有这么好的脾气。同样用实力说话，绝对不让他们逃脱法网。

有一次，一艘俄罗斯的油轮在亚丁湾海域被海盗劫持，船上有23名俄罗斯船员以及8万多吨的出口原油。事发之后，俄罗斯政府曾经呼吁海盗释放船只与船员，但海盗们却不肯买普京的账，普京当即就派遣了反潜驱逐舰前往亚丁海湾。海盗们还毫无察觉，俄罗斯特种军直升机突然从天而降，直接降落在被劫持的船只上，当场击毙一名海盗，活捉其他海盗。整个事件从发生到解决，不到24小时，而全船员工以及船只、货物无一损伤。

普京的这种果断与执行力，充分地向人们展示了自身言既出、行必果的行动派风格。同时也向所有人宣告：不要惹我，否则我就会用实力让你好看！其实，这种以实力说话的处事风格，不管在什么时候、什么场合，都是屈人之兵的最好方法。与其费力地用语言表达，不如拿出事实来，给你最直接的结果，这才是真男人的做法！

一旦遭人欺负，瞬间就应当回击

有这样一句名言：“生活对我们每个人来说，都充满着通过新的努力和新的姿态脱颖而出的第二次发展机会；人们不应该限制自己，固守于隅，对于第二次机会，需要的是及时认识并果断行动的能力。”确实如此，做人不仅仅是要在第二次机会面前果断，还要牢牢抓住任何一次可以让自己发挥的机会。因为真正成功的人，往往在事情发生的最初，便拥有了超出他人的果断与迅速。

人生总是如此，有些机会稍纵即逝，有些问题发生了就没有办法更改。也正是因为如此，人们才应该有一种果断而勇于行动的个性，时时保持清醒，只要机会出现，便要一点也不留余地地抓住并拿下。

普京不但是个善于用果断抓住机会的人，也是一个果断为自己的人生与事业添砖加瓦的人。

普京任职俄罗斯总统伊始，可以说四面楚歌，就如同评论家说的一样：“他孤身一人，如临深渊，没有任何靠山，没有即使失利也能够对他保持忠诚的力量，没有财政基础，也没有可靠的圈子。他不是公共政治家，只是一位在政治上取得成功的战士，他唯一可以依靠的是自己的力量，清醒而冷静的头脑。”

这些说法真的太准确了，但是，普京却没有在这样的事实面前迷失方向。在普京的世界里，从来不认为过度自谦是一种美德，因为那只会让一些人得寸进尺。相反，如果在问题面前采取最为果断直接的行动，结果可能就会简单得多。

在国际政治问题上，普京就曾经这样对远比自己强大的势力果断出手。对于企图威胁俄罗斯国家安全的行为，不管对方是谁，普京都不会回避或退让，而是直接警告那些不友好的势力，对于损害俄罗斯利益的行为，他决不会坐视不管，甚至不惜派遣军队来平息动乱，直到问题得以解决。

这就是普京的行动力，他可以没有靠山，可以没有圈子，但他不会放任事态一再发展，在关键时刻，绝对会迎头而上。这正如同他自己所说的："我应该时刻做好准备，一旦遭人欺负，瞬间就应当进行回击，瞬间！"

还有一次，恐怖分子对俄罗斯南部城市纳尔契科发动攻击，不但来势汹汹，还全然不顾平民受伤，持枪挟持平民为人质。普京在得知消息的第一时间下令：完全封锁纳尔契科城，安全部队如果遇到任何武装抵抗，格杀勿论。同时，普京召开内部会议，对所有的人说："决不允许任何武装分子离开纳尔契科城，武装分子进行抵抗，就必须消灭。"

俄罗斯安全部队迅速执行普京的命令，与武装分子展开正面交火。当场就有20名武装分子被击毙，有12个被逮捕，所有人质全部被解救出来，安全部队快速地控制了城镇，给人民以安全稳定的生活环境。

有人说这就是普京的强硬之处，但我们从中不难看到他做人的坚毅与果断。就如同他的认知，对于不知礼遇的人，退让只会让对方得寸进尺。用强硬的手段来对抗，用更有实力的手段去将他征服，这才是解决问题的最好方法。一个人只有真正从心里对你产生尊重时，你才可以与他谈尊重以及条件。否则，瞬间回击才是最好的办法。

高尔基说："你们应该培养对自己、对自己力量的信心，而这种信心是靠克服障碍、培养意志和锻炼意志而获得的。”这句话不但适用于普京，更应该是每个人身上都应该具备的行为准则。因为，人生在世，唯有意志与信心可以克服障碍，唯有果断行动才能保持自我。

我的原则神圣不可触犯

哲人尼采曾经说过："一个有原则的人，将无所不能。"原则，在表意上是一种规则，而内质中，更多的却是一种坚持。不管是谁，只有坚持到底，才能赢得最后的成功。相反，那些自认为随时可以走捷径的人，只能一事无成。

荷兰著名足球教练希丁克，在2002年世界杯以前成为了韩国国家队的主教练。他给韩国队带去了很多变化，比如全攻全守的战术理念以及注重体能的训练方式。他的执教理念从最初就受到了很多人的质疑，在2001年四国赛上，韩国队因为刚刚改变打法，在场上表现出很多不尽如人意之处。当时，各大媒体和韩国本土的专家团队都对希丁克提出了严厉的批评，认为他的战术设计和训练方式根本不适合韩国队，但是希丁克却坚信，他有能力带领韩国队取得好的成绩，绝不会因为各种舆论做出任何改变。随后，韩国队又以大比分输掉了两场热身赛，这时候韩国国内对于希丁克的批评和谩骂之声更是铺天盖地，甚至还有球迷到韩国政府部门去请愿，如不解雇希丁克，他们会抵制2002年世界杯。即使在这种压力下，希丁克依旧坚持着自己的原则，并要求韩国队的队员一定要将他的理念贯彻到底。最终，在2002年世界杯上，韩国队取得第四名的好成绩，成为历史上亚洲球队在世界杯上取得的最好成绩。放弃自己的原则是容易的事，而坚持自己的原则和理想却可能步步维艰，但正因为你能熬得住这些苦痛和折磨，才最终有机会品尝到攀登到人生巅峰时的快乐与满足。

普京是一个坚守原则的人。对此，他这样解释："如果有什么事情阻碍我，我就将其除去。"这种态度，显然具有当年拿破仑的风采，因为拿破仑就曾经这样对人们说过："我成功是因为我有原则，在关键问题上从不踌躇。"普京作为强硬派，他的原则就是一切为了国家的利益，所有人都应该绝对服从。一旦有人敢打破这个原则，那么，等待他的就只剩下普京的强势反攻了。

在治理经济的过程中，尤科斯案算是非常典型的一个例子。当时普京任职总统的时间并不长，那些俄罗斯的金融寡头也完全不把这个一无背景、二无经济实力的总统放在眼里。甚至在普京已经成功打击了古辛斯基、别列佐夫斯基之后，霍多尔科夫斯基依旧仰仗自己与国家内部官员的联系和自身雄厚的财力而不愿服从普京的利国原则。这对于普京来说，不仅是挑衅，更是他不可容忍的有违原则的事件。所以，俄罗斯法庭立刻以逃税、涉嫌诈骗等罪名将其拘捕。

普京当然很清楚，霍多尔科夫斯基对于俄罗斯意味着什么，他每年上缴的利税，是当时俄罗斯国家财政收入的10%，甚至更多；同时，霍多尔科夫斯基被捕，整个俄罗斯的投资环境都将受到影响，不但有政府的高层领导来干预此事，就连国际资本也会联手向俄罗斯政府施压。在这多重压力下，普京并没有后退，而是极为细致、深入地挖掘霍多尔科夫斯基，同时向国际社会提出必须配合的要求。霍多尔科夫斯基见到普京不可改变的决心，便知道这次凶多吉少，所以很快写了"悔过书"，以争取减轻自己的罪名。

但是，为时已晚。很快，俄罗斯检察院便将霍多尔科夫斯基的问题进行了彻查，不但将他金融诈骗的犯罪事实公之于众，同时对尤科斯公司的主要股东、梅纳捷普集团前主席列别杰夫提出指控。

普京公开回答记者的提问，说：“在我国，金融寡头的概念是指某些有影响的商界人士，他们站在影子中，站在社会的背后，真真实实地影响着俄罗斯政治的决定与执行，这批人不应该存在。”而且他还非常坚决地说：“我并不想揪住某个具体的人不放，我们的目标只有一个：那就是恢复国家的秩序，让人民合法地生活，同腐败分子做斗争；这些腐败行为某种程度上也威胁到西方投资俄罗斯的利益，我们与腐败分子的斗争才刚刚开始……”

至此，显赫一时的尤科斯公司得到了清理，而大名鼎鼎的霍多尔科夫斯基也声名狼藉。有人说这是普京的铁拳，但这记铁拳，恰恰就是普京坚守原则的体现，没有人可以违背这个原则，也没有人逃得过他的打击。俄罗斯也正是在普京这样坚定的原则面前，才最终实现经济实力不断增强的目标。

很多时候，原则可以看成大环境的规则，也同时可以视为支持个人走向终点的路径。如果你不遵守原则，那么你很可能会在人生的道路上，因为五彩纷呈的迷惑丧失前进的方向，这样，“一定要成功”也将变成一句空谈。相反，守得住原则，又可以用坚持去强化和维护原则，那人生的道路再怎样变幻，也不可能影响你向前的脚步。

Vladimir

Putin

法则八

王者风范，我为自己而活

人活着不完全是为了事业

对于人类来说，死亡是最后的终结。可是在这终结到来之前，你是为什么而活的呢？事业？家庭？还是爱情，或者其他？相信真正可以给出答案的人很少，因为人不是单纯的动物。这就如同俄罗斯的总统普京一样，不管如何神秘莫测，他都绝不仅仅是为了拯救俄罗斯这个国家而活着，因为，他还有着自己的需求。

中国的喜剧明星李琦虽然看上去非常粗犷，但却是一个心思细腻而且顾家的好男人。他有一手极好的厨艺，只要没有工作，他就会主宰家里的厨房，给儿子和爱人做上一桌丰盛可口的饭菜。他曾经这样说道：“好多男人都怕进厨房，节假日总是要在饭店解决，觉着这样能腾出时间来休息。但对我来说‘煎炒烹炸’就是最好的休息。”他还透露，以前自己生活贫困时，特别羡慕一家人能围坐在一起享受一顿晚餐。而现在，能够在工作之余买买菜，做做饭，既是自己的兴趣所在，能让自己感到幸福，也能为自己的工作增添许多生活的素材。

不论是什么样的人物，一生当中都会拥有除了事业之外的日常生活，这在很大程度上彰显了一个人内心世界的丰满程度，当然，也会显示他的为人底蕴。提起普京，人们似乎会异口同声，说他是标准而彻底的工作狂，工作中的他魅力尽显。可是，这个男人的魅力可不仅仅只显示在工作方面，因为他还有着更多的人生爱好和追求。而且，就普京的兴趣爱好来说，几乎是其他国家领导人望尘莫及的多样与高难度，从天上到地下，从水中到陆地，从车子到飞机，几乎无所不通、无所不会。有人说：世界已经无法阻挡普京了。

也许是吧，普京的人生确实够精彩，不管在这背后他付出了多少努力，但展现给人们的绝对是成功的光鲜亮丽。俄罗斯的报纸这样说：普京自进入公众视野开始，就是以英雄的姿态出现的，尽管这一形象也在不断地变化，但只会越来越完美。民间最喜闻乐见的就是普京上天入海、射虎捕鲸、骑马潜水等让人惊心动魄的故事。

其实，这远远不是普京的所有。普京虽然尚武，一生最崇拜军人，甚至说过“我个人认为最漂亮的衣服就是军装”，但他的骨子中依旧渗透着平凡男人所常有的好奇心、同情心，甚至是童心与冒险欲。这一切，从他的生活方式就可以看得出来。普京从来不喜欢克里姆林宫的束缚，甚至不愿接受莫斯科的喧嚣与繁华。所以，一天的工作结束之后，他会选择回到自己位于莫斯科西郊的家。这里离城市相对较远，没有商业中心，也没有灯红酒绿，但却可以让他真正放松，享受普通人的安静与自我。

通常情况下，不是非常重要的客人或者特别正式的事情，普京甚至就选择在家里来完成，而不是在那金碧辉煌的宫殿中。偶尔有休息的时间，他还会去教堂进行祈祷或者忏悔。他身边的官员都知道，并且说：“普京不是无神论者，或者他确实信奉宗教，只不过不是标准的基督教徒。”

不过，普京的前妻柳德米拉却说过：“我们全家都是比较虔诚的东正教徒，通常会每个月去一次教堂。”只不过，普京是不愿把自己的私生活公之于众的，他对此从来不提。与之相比，他更爱讲自己喜欢狗这个事实。迄今为止，狗一直在普京的生活中扮演着很重要的角色。人们都熟知的，就是普京带着自己的黑色拉布拉多犬到处狩猎的画面，从中，人们可以看到一个与工作时截然不同的男人形象：开朗、阳光，充满暖暖的味道。

不过，你可能永远也想不到，普京还曾经做过木匠。在俄罗斯的索契要举办冬奥会的时候，普京亲自与大学生建筑队的代表们进行场馆建设的交流。他非常开心地讲起自己在上大学期间参加建筑队的经历。那时，他所在的建筑队在俄科米共和国的森林地区建设林道和房屋，总共做了40多天。普京工作得非常认真，还获得了一个4级的“木匠证书”。大家好奇地问：“你当时一共拿了多少工资？”普京回忆了一下，说：“大概是900卢布的样子吧，不过当时全国的平均工资只有200卢布，我们的工资待遇算是很高了。”当然，这样高的待遇是因为当地的气候条件不好，天气炎热，蚊子极多，哪怕点了火堆，都不能阻止蚊子的进攻。学生们又说：“那时的您一定不知道怎么花这么大一笔钱。”没想到普京却笑了，说：“不，我当然知道，我和朋友去了黑海加格拉旅游，花掉一半之后，又回来买了一件衣服，这件衣服我一直穿了10年。”

说到这件往事的时候，普京非常感慨，他认为人生中的各种经历是一块无价之宝，没有这些经历，就不可能明白人生的意义。

由此，人们似乎可以看到一个生活简单、内心丰满的普京，他不只是俄罗斯的总统，还是一个与其他人一样，想着如何去经历没有感受过的事物，想着如何去丰富自己的人生阅历的男人。可见，事业不应当占据人生的全部。我们应该时刻记住：没有事业之外的人生阅历，你的人生必定会减少一半的快乐。

做个内心如火的性情中人

弗洛姆说：“给予的最需要的方面不在物质财富范围内，它存在于人性特有的领域。”正因为如此，一个人只有拥有了执着、热情、大胆的个性特征之后，再同时集悲悯、忧虑、谨慎等多种性情于一体，才会真正做出一番大事来。

对于普京来说，人们最多的认知可能就是他强硬、大胆、多才。可是，只有真正走近他的人才能发现，这个硬汉的内心其实恰恰就有着如火一般的炽热情怀，对于世间的冷漠、血腥，对于现实的无助与无奈，他从来都以积极与热情的态度来对待。

就职总统之后，普京的生活非常忙碌，曾经就有人用“工作狂”来形容过这位世界上最有魅力的男人。可是，在这位日理万机的总统身上，却发生过很多动人的小故事。

在俄罗斯的一个小城市，一位被医生诊断为患了白血病的孩子正苦苦与病魔进行抗争。医生们认为，孩子现在最好去莫斯科接受手术。可是，化疗对于一个孩子来说，实在太过痛苦，于是，他的身体越来越差，甚至开始对治疗产生抵触。不过，这个孩子有一个最大的爱好，那就是吃煎饼。

医生们为了鼓舞孩子进行治疗，共同编织了一个美丽的谎言，他们对孩子说：等你身体好起来，就可以见到总统普京，他会给你煎饼吃。为此，孩子非常高兴，他甚至给普京写了一封信，在信中问："我的病已经非常严重，我已经被折磨得不行了。可是医生说如果我去莫斯科治疗的话，就能见到你，还可以吃到你带来的煎饼，这是真的吗？"

几天之后，普京给孩子回了信，而且特别给他寄了克里姆林宫的明信片，在明信片上说："我们回头见。"明信片的背后还有"俄罗斯联邦总统，弗拉基米尔·普京"的署名。大家都不敢相信，普京居然会在百忙之中抽出时间给一个生病的孩子回信，并且那么平易近人。

更让人想不到的是，孩子住进莫斯科医院几天后的一个上午，普京就真的出现在了孩子的面前。他不但给孩子带了煎饼，而且还送给他玩具汽车。普京与孩子聊了好一会儿，人们才发现，普京身边并没有安保人员，他是自己一个人悄悄进来的。这是为了让孩子可以得到最好的休息，为了不引起医院的铺张安排。面对这样一个为他人着想的总统，人们感觉到了深深的爱，那是一种内心如火的温暖，更是一生不可多得的情谊。

普京不仅拥有坚强、勇敢的品质，其内心更有着如火的真性情。这种真性情让他从自身出发，放眼世界。那些弱者的苦痛他会放在心里，那些无辜平民的无助他也用心关怀。正是因为这种做大事、识大理、用真情行大义的行为，才让普京的个人魅力与日俱增。

英国19世纪最负盛名的剧作家奥斯卡·王尔德曾经讲述过这样一个故事。

有一个出生在贫穷人家的小男孩，他的名字叫作休吉。有一天，一个可怜的老妇人上门乞讨，休吉的母亲将全部的家当——仅有的几个便士全部赠给了她。

小休吉急了："妈妈，我们今晚吃什么啊？"母亲说："宝贝，我们一次不吃晚饭没有关系，可是这个可怜的老妇人，如果没有这几个便士，就可能死在这个饥寒交迫的夜晚。宝贝，你一定要记住，学会关心弱者，帮助他人，这样才会得到心灵的快乐与安宁。"

后来，小休吉逐渐成长为一个内心如火的英俊小伙。有一次，他在朋友奥凯的化装舞会上邂逅了一位美丽女孩，她就是上校的女儿劳拉，于是，两个年轻人迅速坠入了爱河。可是，当休吉与劳拉向上校提出结婚事宜的时候，高傲的上校并不看好休吉，他嫌弃休吉家庭贫寒，于是告诫这位年轻人："孩子，当你拥有一万英镑的时候，再来找我吧，那时我们再谈你迎娶我女儿的事情。"

对休吉来说，一万英镑简直就是个天文数字。那些日子，休吉看上去非常无奈与伤感。有一天，他到一位画家朋友艾伦家去散心。在那里，他们看到艾伦正在画一张乞丐画像。画里是一个干瘪的小老头，脸上布满了皱纹，眼睛里锁着一副悲哀的神情，肩上耷拉着一件粗陋不堪的上衣。他一只手拄着粗糙的拐杖，另一只手拿着破帽子，做出伸手乞讨的姿势，这让休吉立刻动了恻隐之心。

过了一会儿，佣人进来跟艾伦耳语了一番，艾伦告诉休吉，他要出去见裱画商，让休吉与那位老乞丐模特等他回来。休吉看到衣服褴褛的老乞丐，心中油然产生一种要帮助他的冲动。休吉伸手摸摸衣兜，摸了半天才找到一个英镑和几个便士，塞进了老乞丐的手里。老乞丐吃了一惊，微微一笑，说："谢谢你，年轻人。"

艾伦谈完事回来了，休吉连忙告辞，他觉得自己给老乞丐的钱太少了，有些羞愧。不过他自己今天就没钱坐车回家了，他不得不步行回家。

那天晚上，休吉在酒吧遇到了艾伦："喂，艾伦，你那幅画画好了吗？"艾伦回答："我画好了，休吉，谢谢你的关心。"

"亲爱的艾伦，"休吉说，"我还想关心一个人，他如此悲惨，真是不幸。我家里有很多旧衣服，你说他会不会需要一些？他的衣服都快破成碎片了。"艾伦笑着说："真是个热心肠的善良家伙，那个老乞丐模特很喜欢你，他还不停地打听你的事情，于是，我把你的一切都告诉他了——包括你那个嫌贫爱富的准岳父、美丽可爱的心上人，还有那一万英镑的伤心事！”

“天哪，你把我的私事全告诉他了？”休吉大声嚷道，“这多丢人啊！”艾伦笑着说：“你叫老乞丐的那个人，是欧洲的首富。如果他愿意的话，他明天就能够买下整个伦敦。”休吉懵了：“你到底在说什么呀？艾伦！”艾伦大笑之后解释道：“你今天在画室里看到的那个老乞丐是诺丁男爵。他一个月前委托我把他画成乞丐，这是一个富翁的奇思妙想！”

“诺丁男爵！”休吉跌坐在扶手椅里，“天哪，我给了他一个英镑和几个便士！艾伦，你若是早告诉我，我就不会闹出这样的笑话！”

“哦，休吉，我可怜的朋友。”艾伦打趣地说，“我根本没想到你这么热心，还会给人家钱。况且，我弄不准诺丁男爵是否愿意我对你提及他的名字。”

“他肯定认为我是个没有眼光的大傻瓜，连个大富豪都看不出来！”休吉生气地说。

“绝对不会的。”艾伦笑着应道，“你走以后，他说这样热心、善良的年轻人，完全应该得到他想得到的幸福。”

休吉还是很懊恼：“我真是个倒霉鬼，现在我最好是马上离开酒吧，立即回家睡觉，早点睡着就早点忘却这个大耻辱！亲爱的艾伦，你千万别告诉任何人。如果别人知道了，我以后就不敢出去抛头露面了。”休吉说完就离开了。

第二天早上，休吉正在吃早餐，有人送来一封密封的信，信封上写着：“送给休吉和劳拉的结婚礼物。老乞丐赠。”休吉打开信封，里面是一张一万英镑的支票。

因为冷漠，心灵会长出皱纹；因为热心，沉闷的车程会变成探险，陌生人会变成朋友。人是有情感的动物。如果你不能用内心的真情实意去关注他人，事情处理得再干净利落又与机器有什么区别；同时，你所成就的所谓事业，也不过就是山一样的冷峻、冰一样的寒凉而已。

敢于犯错，也敢于认错

苏格拉底曾经说过："未经自省的生命不值得存在。"而所谓的自省，就是通过对自我行为、意识的观察和审视，从而纠正自身的错误。因为一个人一辈子不可能不犯错，所行之事未必件件都对。但这不能成为不去犯错、不去认错的理由。只有认识到自己的错误，并用心去改正它，才能从中受益。

人从出生的那一刻开始，最早接触的就是犯错，因为新生命对于世界的未知，让他只能通过犯错、改错来认知和学习。所以，每个人都是这样，在小的时候，犯下一次又一次的错误，并在家长与老师的帮助下，一次又一次地改正，才有了现在独立思考的自己。

俄罗斯总统普京也是如此。小时候，普京是一个调皮好动的淘气孩子，所以犯下的错误不计其数。但是，普京却并没有因为犯错而感觉到害怕，相反，他通过犯错，从中总结出帮助自己成熟和不犯错的道理。

当时，普京还是一个十来岁的孩子，有一次因为一点儿小事，和一个与自己差不多大的男生争了起来，于是两个人扭打到一起。但那个男生虽然看上去瘦瘦的，力气与行动却都比普京占上风。因此，普京被那个男生狠狠地打了一通。普京回忆这件事的时候，说："我当时虽然感觉到很委屈，却从中明白了很多道理，应该说这件事给我上了很重要的一课，让我一生都受益不浅。"当时年纪并不大的普京，从这件简单的打架事情中，总结出了四个结论：

一、打架这件事是我的不对，当时我的态度非常差，说出来的话让对方很生气，从而引起了争执。虽然说我为此挨了打，但这是对我应有的惩罚。

二、我自己的心态不对，如果对方是个强壮的孩子，我可能就会因为忌惮而收敛。但事实是对方很瘦很弱，这助长了我撒野的心态。虽然在这件事中吃了苦头，可我却明白了任何时候都不要随便挑衅他人，也不要小看任何一个人的道理。

三、我还从中领悟出一个道理：不管事情对错，只要打架还在继续，就不能认输，这才是真正的强者。虽然当时我被打得没有了任何还手机会，但我不应该停止回击。

四、总的来说，我打架不会太过火，但我却从中明白了这样的事实：只要你想成为胜者，那么，不管在什么样的对抗中都要坚持到底。

这些总结已经远远超出了一个小孩子应有的领会范畴。可是，普京却从中进行了深刻的自省，他不但认识到了自己的错误，还总结出了在对抗、竞争中如何获取成功的方法。也正是因为这样勇于犯错、敢于承认错误的自省过程，普京才从一个并不起眼的孩子，成长为现在的俄罗斯总统。

当然，这种敢犯错、敢认错的性格一直是普京身上的优点，哪怕他成了一名克格勃，成了总统，他依旧会勇敢地去承认自己的错误，并努力去改正它。一位与普京在德国共事过的老特工曾经讲过这样一件往事：

1985 年，普京刚刚进入克格勃工作不久，各方面的经验还不够丰富。有一次，他的上司派他去与这位老特工接头，并传递情报。可是，普京对这件事的重视度明显不足，居然擅自推迟接头时间，导致接头迟到。这让老特工火冒三丈，他大骂普京：“你知道自己犯了什么样的错误吗？不按时接头，就有可能危及对方的生命，你置别人的生命于不顾，这样负责任吗？”其实，赴约不守时一直是俄罗斯人的一个通病，显然普京对这件事关注得还不够。所以老特工怒气难消，大叫：“我警告你，如果你不能改掉这种不良的习惯，我就立即辞职，再也不干了。”

面对老特工的愤怒，普京很快就意识到了自己的错误，他不但在后来与老特工的接头中次次准时，而且其他方面也都格外遵守制度。当时，他们有十多个接头点，只要一有动静，就会选择最方便的一处进行接头。其中还有一个方法，那就是普京桌上的电话响三声，立刻挂断，这就是老特工要求紧急见面的信号。普京在听到电话之后，不管处于什么样的情况下，都会在一个小时之内与老特工见面，再也没有犯过不守时的错误。

这位老特工回忆那时的普京说：“虽然当初对普京的印象不是很好，但他对自己要求非常严格，不但控制自己，还会反省自己的行为，从而做到雷厉风行，迅速地成长为我的上司。”老特工对此特别感慨，说：“普京总是控制自己的感情，将秘密藏在心底，几乎没有什么事可以难倒他。”可普京却没将这些当成自己的优点，他说：“我觉得，没有弱点和永不犯错的人是没有的，每一代新人都将是更优秀的。”

确实，每个人都会有自己的弱点，都会犯下错误，但重点在于，当你面对过错与不足的时候，是用什么心态来面对它。如果你为了回避犯错而不去行动，这本身就是一种错。如果你在错误面前看不到自己的不足，那就是愚昧。一个真正可以成长并向上的人，一定要时时保持自省的内心，并从错误中找到让自己改正的方法。不是每个人都可以成为普京，但每个人都可以像普京一样，去认识错误，去反省自身，然后求得生命的最佳状态。

威严让男人更具“领袖范儿”

威严，可以征服他人，更可以让他人示弱，它的威力十分强大。可是，威严不是外在的冷酷，它来自于一个人个性、风格甚至是成就的累积。因而英国哲学家培根这样说：“人的威严蕴藏在知识之中，因此，人有许多君主的金银无法买到、君主的武力不可征服的内在东西。”

有一些人，外表看起来酷劲十足，但真正做起事、说起话来，反而犹豫不前，这只能叫作装酷。因为一个真正有威严的男人，是应该具有威而不露、强而不硬之气质的。当然，这种威严不可能自己生就，而是来自自身不断的经历与塑造，更来自于个人的风格和实力。

普京就是人们眼中堪称威严的男人，但他也会笑，也会幽默，甚至会流泪。可他的威严气质就是不容人置疑，更让人不敢冒犯。这就是普京从个性、能力以及处事、成就等多方面养成的威严气质，这样的气质让普京身上的“领袖范儿”更加迷人，也让人更加崇拜。

2007年，莫斯科举办过一次名为“弗拉基米尔·普京的四季”的普京个人图片展。展览中的几百张图片都是黑白色的，没有任何色彩可以衬托、修饰普京的神情。四季的风格各有不同，将普京的形象非常明晰地表现出来：

春季，就像普京从政初期时的样子。有张照片是他站在叶利钦的身边，位置稍向后退，神情严肃，完全让人读不出他在想什么。这对于普京的政治生涯来说是一个非常有代表性的瞬间，因为这时的他如同一个模糊的影子，正听命于叶利钦的指挥。可是，它也是普京时代来临前的种子，人们没有办法从中看到普京未来的发展方向。

夏季，普京已经成为俄罗斯的总统，而且在反恐、经济与外交方面打了几个漂亮的胜仗。这时的普京自信满满，那种铿锵有力的线条感格外分明，人们可以从这些图片中看到普京累积自身实力的过程。

秋季是收获的季节，可是，普京的神情中却没有了最初的凌厉与霸气。他表情严肃但不紧张，神色之中更多的是谨慎与从容。这时的普京已经度过了因为别斯兰人质事件以及库尔斯克核潜艇事故而导致的政治实力备受国民质疑的低谷时期，他不但更加成熟，而且变得刚强而柔韧起来。

冬季，这一组图片多为普京外交上的瞬间，表情严厉而且形象成熟。这充分展示了普京在个性上的完善，他不但学会了用低调的神态来面对媒体，更不忘在强势面前表达立场。这种悍然之色，已经成为普京外交中的重要表情。

这四季的不同神情，似乎就是在告诉人们，普京的威严就是通过这样一件一件事情、一年一年历练而达成的。普京不会在威严面前有半点装模作样，也不会有一丝一毫的虚伪。真性情让普京的威严更加有分量，而实力也让普京的威严总统形象更有“范儿”。

在普京任职总统的前 8 年时间里，俄罗斯的变化日新月异，在世界舞台上的地位也与日俱增。但普京并没有在这些成绩面前迷失方向，他用强硬的态度来对待一切有损国家利益的人，但却用柔和的性情面对弱者、平民以及友好的国家。而且，普京不止一次用行为告诉大家：当一个人拥有了实力之后，其语言就足可以让威严尽显，就绝对能提升自己的领导风范。

在与美国签署削减核弹头协议时，布什对媒体说：“在非常短的时间里，我们将 6000 枚弹头减少到 1200 枚，武器已经不再相互瞄准，这就很好了，至于10年后的事情，谁知道呢？谁知道到时的两国领导人将做出什么决定？”可是，普京却这样说：“我认为销毁弹头更合适，与此同时，我请大家注意一个情况，任何手拿武器，哪怕是猎枪的人都知道，应该让它退出弹药，远离人群，而不是装上弹药，用手指压着扳机。”

普京的一句话，赢得了所有人的认同。而他说这句话的时候，并没有声色俱厉，甚至表情淡然，只是，威严从他的话语间自然流露，引起人们关注，让人们更加愿意相信俄罗斯对于削减核弹头的决心。相比之下，布什所谓不知10年后的情形就落了下风，因为这让人们完全体会不到布什的诚意所在。

可见，威严不是来自话语，而是来自积累的实力。一生苦无所成，却脾气越来越大的人，那并不是威严增强了，而是你的人生已经让自己也变得不耐烦。相反，如同普京一样，经历了“春、夏、秋、冬”的蜕变之后，用实力打造出来的威严，才是真正让人认可、信服的领导魅力。

爱慕虚荣绝非男人的做派

每个人都难免会被自己所向往的物质、职位以及权势等东西诱惑，进而改变内心对于现实的认知，造成人生的遗憾。这就是虚荣心在作怪，就是人性为虚荣付出的代价。莎士比亚曾经说过："轻浮和虚荣是一个不知足的贪食者，它在吞噬一切之后，结果必然牺牲在自己的贪欲之下。"因此，真正的男人，想要成就人生，首先要克服虚荣。

钱锺书是著名作家，他的作品《围城》拍成电视剧后，他一时间成为家喻户晓的新闻人物。在没成名以前，他的很多作品无人问津，可成名以后，只要书上印有他的名字，人们都争先恐后地购买。面对这种不理性的追捧，钱锺书始终保持反对的态度，他认为"吹捧多于研究""由于吹捧，人物可成厌物"。有人想花大价钱让他接受电视台采访，可钱锺书却说："我都姓了一辈子钱了，难道还迷信钱吗？"一位著名洋记者还慕名来拜访他，想为他在国际上扬名，他却回话说："假如你吃了一个鸡蛋觉得还不错，又何必要去认识那只下蛋的母鸡呢？"

人生最大的脆弱不是在失败面前不能再次站起来，而是面对诱惑却无力抵御。对于爱慕虚荣的人来说，诱惑是足以致命的，它不但让你离自己的人生越来越远，还有可能将你推上覆灭之路。所以，在克服诱惑、不爱慕虚荣这个问题上，每个人都应该日日自省，更要时时警戒。

普京作为一个权力至上、魅力至上的男人，对于虚荣这种事却非常回避。他从来不会在朋友面前显示自己的权势，更不会在爱慕自己的人前动用权力。相反，他会用时时警醒的心态来要求自己，彬彬有礼、把握有度。

媒体曾经采访过普京的一个私交甚好的同学，当问及普京为人的时候，这位同学这样说："普京虽然在政治中打拼了多年，但却一直保持着对长辈的尊重。"同时，这位同学还说起一个小细节，那是普京为俄罗斯的精英人物颁奖时发生的事，当时，在座的都是老年人，可是当普京走进来的时候，大家都纷纷站起身来，以表示对总统的尊重。但原本坦然从容的普京，面对着这些为自己站起来的老年人时，一下子变得很不自在。这种年老者向年轻者致敬的行为，让这位经历过各种不同场合的总统一时竟不知如何是好。直到大家都入座，普京才恢复了原来的淡定。

讲完这个小故事，普京的同学已经笑起来，说："普京就是这样坦诚、朴实。在他还在上小学的时候，走在路上，总是会礼让老年人，当老年人夸奖他的时候，他甚至会害羞脸红。没想到，做了总统之后的普京依旧保持着这个特性。"可见，普京并没有因为自己身份与权位的变化而改变自己的个性。

有一年，德国前总理施罗德在生日前邀请普京参加自己的生日宴会，并且说明这只是一个私人派对。但大家可以想见，一个总统去为另一个国家领导人庆生，必定要拿出与自己身份相符的生日礼物。同时，这关系到两国的外交，如果送的礼物不像样，还有可能让两国关系陷入困顿。当然，这对于一个总统并不是难事，只是普京并不愿意在私人的聚会场合彰显自己的身份，因此，当他出现在施罗德的宴会门前时，把所有人都吓了一跳。原来，他不但没有用平时的安保人员开道，也没有坐平时外交所需要的高级轿车。他就坐着由一名穿着休闲棒球服的年轻人开着的国产轿车，来到了派对现场。

施罗德面对普京这样低调的到来，心里一下放松不少。因为邀请了普京之后，他一直在想应该用什么方式来接待普京，又应该如何布置安全问题。可是，普京这样低调的到来，甚至让人们想不到普京已经出席，完全为他消除了头疼的安保以及国家外交这些烦琐的事情。很快，大家就进入了非常和谐、亲密的私人生日派对状态。

不过，即便普京这样低调也没能躲开媒体，大家发现他之后，便追问他有没有带什么礼物给施罗德。普京只是笑一笑，简单地说："这是一个秘密。"等到宴会快要结束时，普京才让人从他的车后面搬出三个箱子，人们以为一定是非常贵重的礼物，所以纷纷围观。可是，宴会的舞台上，最终却只出现了一组俄罗斯民间乐队的哥萨克合唱。

所有人都对普京的这份礼物感到不可思议，一个国家总统，也不过是送了一首合唱曲给施罗德。可是，施罗德本人却非常高兴，甚至感动得差点落下眼泪来。因为普京的生日礼物不但非常动听、优美，而且特别富有俄罗斯的民族风情，这让他看到了普京对自己的一份真诚，而不是非常官方的敷衍与炫耀。媒体在施罗德的神情中，也读懂了普京为人的朴实与诚意。

普京说过："人首先应当遵从的，不是别人的意见，而是自己的良心。"也就是说，一个人只有按着心的指引，去走最真诚的路，才是正确的人生态度。而那些为了炫耀，为了标榜自己而一意显示自己的长处与权位的人，哪怕可以送出再贵重的礼物，也不过是虚荣心在作祟而已。

普京是这样说的，为人也一直是这样做的。在强者面前，他从未有过趋炎附势；在弱者面前，也从未高高在上、不可一世。相反，他用自己的赤子之心来爱戴人民与弱者，用强硬的风格去对抗不平与暴力，让俄罗斯的国民在他的形象中看到了关怀与尊重的美好品质。因为，普京就是这样一个在原则面前坚持，在品性方面保持的绅士，他不爱慕虚荣，也不会为虚荣所累，真性情才是普京的名片。

留一点时间，做自己喜欢的事

爱好是一个人最能彰显自己本质的东西。如果一生之中，只在事业与金钱方面用心，完全找不到自己感兴趣的事情，那这样的人生是苍白而无味的。因为兴趣爱好最能表达一个人的真情实感，它与权力、财势无关，与利益、名誉也毫不挂钩。它只在你最需要的时刻，充实你精神上的不足以及人生中的空白。

当代作家从维熙非常珍惜时间，每天笔耕不辍。“时间不允许我玩弄文字，只允许我向稿纸上喷血。”至今他已经出版了52部作品，就是这个“向稿纸上喷血”的人，不管他平时有多忙，他都会花一些时间去做自己喜欢的事：散步、弹钢琴还有玩麻将牌。他散步是为了解除写作后的劳累，为了进行下一步写作的思考。而对于钢琴，虽然他没有弹奏的天赋，但却不影响他对音乐的喜爱，欣赏音乐依然是他每天必做的事。白天工作了一天，晚上的他总会约几个牌友来“码长城”，对他来说这不仅是享受，更是精神的调理和休整。

每个人都有自己的兴趣爱好，哪怕这个人是高高在上的总统，哪怕这个人日理万机，但也绝不能没有属于自己的时间，不能埋没了自己的兴趣爱好。普京就一直保持着对自己爱好的探索与追求，不管自己是平民还是总统，不管自己是年富力强还是年逾花甲，他都从来不愿因为工作而放弃生活，在他看来，人生不只是拥有工作，更应该留一点时间做自己喜欢的事。

柔道是普京一生钟情的运动项目，不论是小时候为了打架，还是长大之后出于锻炼身体的需求，普京从来都没有放弃过柔道。而且，他曾经在公众场合表示："柔道是非常好的体育运动，它能教你如何处理人际关系，教你尊敬对手，同时也让你懂得，如果松懈轻敌，最弱的对手也有可能进行最顽强的抵抗，甚至会击败你。"

时至今日，普京依然会在休息的时候练习柔道，可以说，早在几十年前，普京就与柔道结下了不解之缘。1975 年，普京曾经获得圣彼得堡市的柔道冠军，并在 1999 年出版了《与弗拉基米尔·普京一起学柔道》。普京的柔道教练一直认为，如果普京往柔道方面发展，现在绝对可以获得他人所不能及的成绩。因为柔道共分为十二段，据说到目前为止，世界上可以达到柔道十一段的人只有 13 个，而十二段的高度，只有创始人才达到过。普京此时已经达到了柔道八段，这在世界上都已经是遥遥领先的好成绩了。

不过，普京从七段向八段晋升足足用去了 5 年的时间。单从柔道的阶段来说，职业的柔道运动员一般也不会超过五段。而普京作为总统，日理万机，却硬是凭借自己的爱好升到了八段。如果没有绝对的痴迷与热爱，没有坚持不懈的毅力，怎么可能让他在 60 岁的时候还放不下柔道呢？难怪马吕斯·维泽尔这样说："在全世界范围内，普京总统是柔道运动价值的最高体现。"

当然，普京的爱好绝不仅仅在柔道一项运动上，游泳、摔跤、滑雪、冰球……无不是普京的爱好。在可能的情况下，普京还经常会做出让人惊叹的意外之举。比如在他众多的爱好当中，就有让人们津津乐道的追星，而他追的就是俄罗斯的著名影星亚历山大·什尔文特。什尔文特 70 岁生日时，普京亲自开了车子去往什尔文特的度假地，手持鲜花给他庆生。不过，这位总统太低调，完全没有提前和什尔文特打招呼，也没有带什么保镖、随从。当他的车子停在什尔文特的门口时，看门的保安人员甚至不肯为其开门。

普京便亲自下车，将自己的工作证件拿给保安人员确认。保安人员看到真的是普京本人时，一下子惊讶得说不出话来。他这样回忆说："当时我感觉自己的手都在发抖了，总统这样平易近人，与我保持平等，就像个老朋友一样，向我挥手。”什尔文特的太太娜塔丽娅也说：“他来得太突然了，我们一点都没有料到，我们谈了很久，一起品茶，直到总统驾车离开。”

不过对于普京来说，追星就是在他工作之余做的一点自己喜欢的事而已。因为他喜欢什尔文特，所以也会像所有的追星族一样，去为自己的偶像庆生，就是这么简单。这样的行为让普京感觉到人生不会只充斥着工作，还充满了意外、惊喜以及美好，也让普京的魅力人生增加了人情味。

当然，这种为着自己的爱好而去行动的过程，对于任何人都是美好的，它一点都不功利。在经历这种喜爱与兴趣时，内心是安静而祥和的，它让人充满朝气和活力，甚至让人感觉到生命的真实意义。如果能在有限的时间之内，去为自己的爱好而行动一次，那人生也就没什么遗憾了。显然，这样的过程才可以被称为愉悦、快意的，这样的人生才是完整的。

Vladimir
Putin

法则九

精英圈子，和优秀的人在一起

“我有一些很要好的朋友”

爱因斯坦说：“世间最美好的东西莫过于有几个头脑和心地都很正直的、严正的朋友。”这是因为，谁都不可能孤军作战，不论这场战争是发生在国与国之间，还是公司与公司之间，甚至日常生活之间。没有朋友的人生是孤独而可耻的，甚至可以让你很快被生活吞没。

对于普京这样身为总统的人，朋友也必不可少。而且，普京是一个十分善于交际的人，虽然媒体一再报道普京并不善言辞。但事实是，对于初次相识的人，普京就可以非常清楚并准确地记下对方的名字及特长，这让对方感觉普京很重视自己。这就如同哲人所说的那样，友谊靠的不是嘴，而是你付出的行动。所以，普京的好朋友不仅来自于他人格魅力上的吸引，也来自于他对朋友的尊重。这让他的朋友更愿意长久而坚定地与其保持友谊，并且誓死相随。

众所周知，普京的第一个好朋友必定是德米特里·梅德韦杰夫。这个朋友是普京早在多年前就认识的，他们来自俄罗斯的同一个城市，还同时为索布恰克工作过。两个人有着相同的政治日标，甚至有着一样的政治理念。不过在索布恰克下台之后，普京被叶利钦看中，进入总统办公室，而梅德韦杰夫则回到大学做起了老师。普京走上政治舞台并打牢基础之后，才邀请了梅德韦杰夫，从而在自己人生的政治舞台、日常生活中形成一道异样的“梅普组合”风景线。

有一次，普京与梅德韦杰夫一起参加政治会议。这时的普京已经是国家总理，可走向会议桌时，他习惯性地走到了总统的位置上坐下来。他坐下之后才醒悟过来，便站来对梅德韦杰夫说：“现在，这是你的地方了。”可是梅德韦杰夫并没有不悦，而是直接坐在总理的位置上，坦然地说：“哦，它们有什么不同吗？”

这一画面甚至让媒体捕捉到了关于权力归属权的敏感话题，可是，梅普之间却完全没有因此生出一点嫌隙来，以至于让人们感觉到，在这个世界上，已经没有什么可以打破梅普组合这道“天然屏障”了。也正是因为普京与梅德韦杰夫的双剑合璧，才让俄罗斯国民感觉到了分外地的安全与稳定，让俄罗斯在世界舞台上屹立不倒。

也许，人们总是不解，为什么梅普之间会如此契合，会如此牢不可破，哪怕是到了普京再次竞选总统时，梅德韦杰夫竟然在自己支持率极高的情况下，拱手将总统之位还给普京。其实，这就是普京的人格魅力，朋友愿意为他付出自己最为宝贵的东西。

柴可夫斯基说：“意见与感情的相同，比之接触，更能把两个人结合在一起，这样子，两个人尽管隔得很远，却也很近。”对于普京和梅德韦杰夫来说，恰恰如此。生活中的默契，政治上的意见相近，让他们紧密地走到一起，并在人生最高权力面前，完全不惧拥有和失去。

在普京的好朋友圈里，还有一位谢尔盖·伊万诺夫。他是俄罗斯的国防部长，和普京年龄相当，不但是同乡，而且曾经就读于同一所大学，同时进入克格勃。只不过，当年普京被派去德国，而伊万诺夫则被派去瑞典，后来又去了肯尼亚。普京成为俄罗斯联邦安全局的局长之后，立刻就想到了这位能干又意气相投的老朋友，于是在 1998 年 8 月，普京将联邦安全局副局长的橄榄枝抛向了伊万诺夫。此后，在普京不断走向政治高位的时候，这位老朋友便一心在后台为普京把守着俄罗斯的安全，让俄罗斯时刻处于稳定之中。

除了以上两位重要人物，俄罗斯现任联邦安全局局长尼古拉·帕特鲁舍夫、总统办公厅副主任维克托·伊万诺夫、国有资产部的第一副部长格尔曼·格列夫、总统办公厅另一位副主任伊戈尔·谢钦以及政府副总理阿列克谢·库德林，这些人都是普京的好朋友。他们不但在自己的位子上发挥重要作用，还在普京就职总统的道路上助他一臂之力。人们应该可以感受得到，当普京重新回到克里姆林宫的奇迹发生时，他身边的这些朋友都付出了巨大的努力。

普京对于自己的朋友圈从来不回避，甚至非常高调地对外宣布："是的，我现在的朋友，基本上都是中学时代的，或者是大学学习期间的。"因为这些人与普京相识已久，对普京的为人以及个性都非常了解。自然，他们也有共同的奋斗目标。

不过，除了这些政界大腕，普京也不会错过政治范畴之外的那些人。俄罗斯的石油大亨罗腾贝格兄弟与普京关系非常密切，他们算是普京朋友圈内的光辉人物。西方媒体多猜测，普京与他们交往，多是为了向财团靠拢。但是，普京并不会对此做出说明，他认为朋友就是朋友，相互帮助是必然的。相反，一定要在朋友身上安一个特别的用途，那倒不是他的风格了。

亚库宁也是普京的好朋友，这个人曾经担任苏联驻联合国的大使，同时还负责搜集情报。他显然与普京有着相同的人生经历，这样的共同点让他们的关系更进一步。所以，有媒体拍到，亚库宁与普京在圣彼得堡的郊外都有别墅，而且会相约去钓鱼、去教堂等。两个人来往频繁，亚库宁甚至四处宣扬自己和普京是好朋友。

每个人都需要朋友，不管你们在事业上是不是相互利用，又或者是不是在人生舞台上相互需要。但共同的需求和良好的互动，可以让你的人生无往不利，更可以让你在关键时刻放手一搏。

一个人的本领再大，也无法做到无所不能。但一个人如果拥有了一个可以让自己不断上升的朋友圈，那么也就相当于提升了自身面对一切的能力。这是凝结人与人之间需求的智慧，更是集众人所长、助己向上的智慧。没有朋友的人，将很难成就大事。就如同一位哲人说过的一样：老的树最好烧，老的马最好骑，老的书最好读，老的酒最好喝，老的朋友最可信赖。在人生的关键时刻，朋友永远是帮助你成就大事的人。

不要四面树敌，朋友越多越幸运

诗人鲁达基说：“一个敌人不为少，不增为好；千个朋友不为多，应再多交。”这充分说明，人生活在社会当中，朋友多了路才会好走，而仇人多了则会让你寸步难行。好的朋友不但能让你的生活增加色彩，更可以在你事业处于彷徨时，伸出可信赖的援手。因此，想要在人生的道路上一帆风顺，应该时时刻刻留意身边可以停驻的朋友，让朋友越多越好；而不是逞一时的口舌之快，或者求暂时的胜负较量，从而四面树敌。

美国第一任总统乔治·华盛顿在年轻的时候，与另一位血气方刚的年轻人威廉·佩恩因为政见不同而结怨。有一次，两个人因意见不合而剑拔弩张，甚至动起手来。强壮的佩恩将华盛顿打倒在地。当时，华盛顿带了一些卫兵，可他并没有命令卫兵为他报仇，而是站起身离开了。第二天，佩恩收到了华盛顿的挑战书，请他到一家酒馆来为昨天的争端做一个了结。因为华盛顿当时还是一名军人，所以佩恩以为自己难逃此劫。可令他万万没想到的是，所谓的“挑战”，不过是华盛顿主动向佩恩道了歉，并希望二人未来可以成为要好的朋友。佩恩深受感动，认为华盛顿是一位高尚而伟大的人，并愿意做他永远的追随者。可见，对于一个志存高远的人来说，广交朋友远比四面树敌划算得多。

很多人认为普京是个传奇，因为他没有优越的家世背景，也没有雄厚的财富支撑，可是短短几年内，他从一个默默无闻的平民坐到了俄罗斯总统的宝座上。当普京被叶利钦推到台前的时候，甚至有人嗤之以鼻，将其称为“不知是什么的先生”。可就是这位“不知是什么的先生”最终入主克里姆林宫，成了俄罗斯的主宰者。

其实，普京的这一切，都来自于朋友的鼎力相助，没有朋友，他不可能走到今天。回看普京的过去，在索布恰克下台之后，有很长一段时间他都是处于失业状态的。因为他的克格勃身份以及他为索布恰克工作的经历，都让政治家们有所忌惮。但是，不久之后，普京被召进了总统办公厅，成为叶利钦手下的人。这在很多人看来是不可思议的，但对普京来说，这只不过是朋友的一个推荐而已。他的这位朋友，就是当时克里姆林宫的“大管家”，叶利钦身边的大红人——亚历山大·博罗金。

在俄罗斯，几乎人人都知道，叶利钦的身后站着博罗金这位大管家，他虽然没有什么实际的官职与权力，但却因为深得叶利钦的信任，几乎可以撼动整个俄罗斯。所以，政治圈内，包括俄罗斯的寡头们，都非常清楚博罗金在叶利钦家族权势圈内的地位。

普京在圣彼得堡工作的时候，偶然结识了博罗金。普京的果敢与睿智深得博罗金的欣赏，同时，普京也保留下了博罗金这个无所不通的人脉，所以他虽然当时为索布恰克工作，但长时间以来，一直与叶利钦身边的这位大管家保持着朋友关系。

当索布恰克下台，普京无所事事的时候，博罗金果然就成了帮助他晋升到总统办公厅的贵人，博罗金向叶利钦强烈推荐了普京。

事实证明，普京的能力不容置疑。从他 1996 年进入到叶利钦总统办公厅之后，便把所有的事都做得很出色，这都为普京日后成为总统打下了良好的基础，而博罗金也成了普京总统手边最堪重用的人。当普京提出打击金融寡头的时候，发出命令并实施的人就是博罗金。为此，博罗金引起了俄罗斯所有寡头的不满，他们甚至联名要求普京将博罗金逐出克里姆林宫。但普京却说："作为国家机构的一部分，并没有太多的公众不喜欢博罗金，我并不将这个视为解雇某个人的理由，我迄今为止仍非常满意他的工作，我将依赖我自己的看法，来判断一个人是否适应其担任的职位，因为那才是关系重大的事情。"这便是普京与博罗金之间友谊的见证，他们用友谊见证了对方日后的成功。

普京进入总统办公厅后，便在博罗金的引荐下，与当时的总统办公厅主任瓦连京·尤马舍夫相识，并且成为了好朋友。而尤马舍夫与叶利钦的女儿塔季扬娜·季亚琴柯的关系非常好，很快，通过这些人，普京进入了叶利钦的朋友圈，并与叶利钦建立了非常牢固的信任关系。

1999 年，博罗金再次出手帮助普京，他在俄罗斯总统选举的当口，亲自组合了一个团结选举集团，这让当时参加竞选的卢日科夫和普贤里马科夫所组成的"祖国 - 全俄罗斯"的组合受到了直接打击，并最终在竞选中落败。

普京也许不会想到，自己当初只是与博罗金保持了朋友的关系，但正是在他的作用下，自己才得到了走向俄罗最高权力巅峰的机会。但这就是事实，一个优秀的人，如果可以有一定的外力的帮助，其向上的机会就会远远高于他人。而如果在关键时刻，有一个落井下石的人，那么，这条成功之路恐怕又要难走若干倍。

可见，善于结交朋友，并与朋友建立良好的互动关系，远比四面树敌，让自己一枝独秀要好得多，这个道理在任何时候都适用。

不要忽视身边的朋友与人际圈

很多成功的人都有这样的感受：苦心孤诣地追求成功，却无法成功，经朋友的一分指点，就让自己突然找到了人生最正确的走向。这和我们常说的“听君一席话，胜读十年书”是一样的。在个人修身养性的过程中，我们千万不要忽视身边的朋友与人际圈，也许你的人生就会因朋友的一分指点而峰回路转、柳暗花明。

普京早就立下了考取克格勃的决心，等到报考的时候却发现自己根本不够资格。然而幸运的是，克格勃接待处的工作人员没有因为普京是一个孩子就把他三言两语打发走，而是非常耐心地告诉普京：去上大学，去学法律。这才让普京有了奋斗的方向，并最终实现了自己的克格勃之梦。

普京在克格勃工作了15年，虽然他的能力很强，干劲十足，但他仅仅是少校军衔。以至于回到莫斯科之后，他连自己的房子都没有，只好与父母挤在一个小公寓内。并且，他没有特别的工作安排，只能回到原来的学校任职，开始教书著作的生活。这对于有远大理想的普京来说，是一次沉重的打击。就在他的人生陷入低谷的时候，他在这里遇到了叶利钦政权的竞争者——索布恰克，这个堪称他生命中贵人的老师。

其实，早在普京上大学三年级的时候，他就认识了索布恰克。当时索布恰克还未从政，主要研究法律、经济等方面。后来，普京大学毕业，他的毕业论文《论国际法中的最惠国原则》就是索布恰克审查的。索布恰克对他的论文给出了“优”，同时也记住了这个学生。

一别十多年，当普京再次与索布恰克碰面时，身份已经发生了很大的改变。当时索布恰克需要一个助手，他的选择有很多。但因为与普京相识，又了解普京的能力，因此他才说：“我需要一个帮手，说实话，我不愿去参加招待会，我不知道那里是什么人……”普京立刻说：“我愿意为你效劳。”只不过，普京当时的身份与克格勃脱不开关系，显然这对索布恰克的政治不利，但他考虑之后还是决定：“好吧，克格勃就克格勃吧。”

就这样，普京从一个克格勃的后勤人员成了大政治家索布恰克的助手。而普京出色的组织能力以及与各种人打交道的技能也展现得淋漓尽致，索布恰克因此对他信任有加。在很多时候，索布恰克不会去看普京做出的政治决定，而是给他一些签了自己名字的纸，任由普京去指挥与计划。对于普京，他只有一句话：“你看着办吧。”

当时索布恰克的政治方向是苏维埃政权，他在苏维埃政权内的反对者们很快就发现了普京的真实身份，说索布恰克的助手是一个克格勃人员，应该从苏维埃踢出去。索布恰克却表现得很坚定，说：“首先，普京不是‘克格勃的人’，他就是我的学生；其次，普京所从事的对外情报工作，是有利于国家的，他为此没什么可感觉到羞愧的。”

虽然索布恰克很强硬，但他身边的人不会放过普京，不断寻找与普京有关的问题来打击他。所以在经历了很多“事故”之后，索布恰克向普京提议，脱离克格勃。当然，普京对于这件事已经提心吊胆了很长时间，作为克格勃，他要服从的是国家安全局，而作为政府官员，他则要服从索布恰克。所以，普京很快写了一份退出克格勃的声明。为了得到允许，索布恰克亲自给苏联克格勃主席克留奇科夫打了电话，并与列宁格勒市克格勃主席通电话。很快，普京的退出得到批准，普京正式离开克格勃，成了一名真正的政治家。

对此，普京当时显然也感到难过。他后来回忆这段过往的时候说："当时很可怕，感觉生活就这样'咔嚓'一声断裂了，要知道，此前我没有能够准确预见国家所发生的一切的深远性……当然，这段时期异常困难；不过还好，选择已经做出。"不过，正是因为如此，普京才在后来的岁月中走到叶利钦身边，才真正有机会成为改写俄罗斯未来的、有资格的政治家。

普京从小就立下壮志，但他不是圣人，不可能预见未来。只不过，他遇到了索布恰克，虽然他也做过不正确的选择，但是因为有了索布恰克的指点，一切都轻松化解。这对于任何一个人来说，都是可遇而不可求的。能够在自己的人生之中遇到机会并牢牢抓住，便是一次成就自我的最佳选择。这也再次印证，能够把握贵人的有效指点，将让你事半功倍。

亲和力也是一种“软实力”

亲和力，是个人综合实力当中非常有效的“软实力”，它可以将你真挚的情感悉数表达出来，并有效地传达给身边的人，使其受到你身上温和情怀的感染。这不但让你的个性魅力充分得到发挥，人们也会因为这种美好的感染而对你刮目相看，并减少对你的非议和不认同。这对于自身的发展来说，无疑就是成功的一个助力，使你不废多余力量，就能掳获人心。

普京在俄罗斯的民众支持率一直居高不下，第一次连任总统，第二次重返总统之位，都与他的能力有关，自然也与他富有亲和力的执政理念分不开。而且，普京的亲和力一点都没有削弱他的硬汉形象，相反却为其多面丰富的人格魅力加了不少分。

关于普京身上从内到外散发着的无处不在的亲和力或人情味而引发的小故事也非常多。普京在图瓦共和国度假的时候，爱上了那里的漂流活动。有一次，他坐着橡皮艇漂流过几个石滩，在无人的山地看到了一群羊。普京走上岸去，在山脚发现了牧羊人。他坐在那里，与牧羊人聊天。虽然牧羊人的俄语并不好，但在夹杂了图瓦语的交流中，两个人居然聊得非常开心，普京请牧羊人喝茶，而牧羊人则邀请他到自己的家中去看一看。

普京很亲切地同意了牧羊人的邀请，牧羊人惊喜地返回家去，不一会儿带着儿子回来了，并为普京牵来了一匹马。普京骑着马，来到牧羊人的住地，那里非常简陋，但普京浑然不觉，他与牧羊人一家聊得非常开心。临走时，普京将自己的手表摘下来，送给牧羊人的儿子，然后又把自己随身携带的猎刀送给牧羊人做纪念。

这虽然是一件小事，可是，普京的亲和爱民就在当地散播开来。这对于普京可能只是无意为之，却为他日后的选举带来了很大的助益。当然，这种以亲和力为软实力的事，普京一直都不放在心上，他只是习惯毫不吝啬地将自己的人情味传达给每个人。

还有一次，普京到别尔哥罗德州视察。当他来到戈洛夫奇诺村的时候，遇到了一个十来岁的小男孩儿。孩子显然对普京很崇拜，说："我知道你练习柔道，我也在练。不过，我们这里的条件不是很好，我只能在地下室练习。"

普京高兴地说："是的，我也曾经在地下室练习过，我们是自己人。不过前面就在修建一个体育中心，到时你就可以去那里练习柔道了。"小男孩儿非常开心。普京又问他："你最喜欢柔道中的哪个动作？"小男孩儿说："我最喜欢背摔的动作。"普京笑了，说："你信吗？我也最喜欢这个动作，你能不能给我演示一下？"小男孩儿立刻来了信心，抓住普京的衣服开始用力。普京则亲切地说："好了，就到这里吧。"

在普京视察完毕准备离开的时候，他突然又回过身来，从人群中找到刚刚的小男孩儿，对他说："我们会尽快修建室内场地的，而且我会送你一块榻榻米。"周围的村民都因为普京的话兴奋不已，认定他是最有人情味的总统。

不过，普京对于民众的这种反馈一直很低调，他说："我感到自己不是什么救世主，而是俄罗斯的一名普通公民，我的感受与俄罗斯任何一个公民的感受都是相同的，很显然，人们感受到了这些并由此支持我。"确实，普京从来都是以自己的心去换取民众的心，从而不必想什么太多的方法，就可以轻松得到民众的支持，就可以赢得俄罗斯民众的支持。

其实，普京除了与人交往的时候会充满人情味，哪怕回归自然，和动物在一起，也一样充满亲和力。2009 年，普京到俄罗斯的远东地区视察野生动物。他不但穿上潜水衣下到太平洋的水中去观察白鲸，还在契卡洛夫岛上为一条雌性的白鲸装上了卫星追踪器。当普京慢慢靠近白鲸，并试图轻轻抚摸它时，还在问别人：“它不会咬人吧？”这一举动让所有人都感觉到了这位往日强硬的总统身上浓郁的亲和味道，仿佛他就是自己身边的普通一员，完全不是一位高高在上的最高领导人。

日本的企业家松下幸之助说：“如果不懂得人情世故，光靠理论行事，有时是会招致人们的反抗的，这样一来反而事倍功半。”可见，人是情感的动物，用亲和力来与其交流，用心去换心，才是最富有成效的软实力。那些有亲和力、有爱心的人，往往会从内而外散发一种让人着迷的光芒，使他人无条件地与其接触，并喜欢听从于他。相反，如果单凭刻板而呆滞的理论服人，结果自然不够理想。在我们的人生当中，不论做什么事，不妨以亲和力为实力，用人情去调和，相信你会有意想不到的收获。

Vladimir

Putin

法则十

低调务实：“我只是把总统当成一份工作”

做大事的男人都是行动派

美国第三十五任总统肯尼迪说：“最大的危险是无所行动。”英国的历史学家托·富勒则说：“行动是知识特有的果实。”这些都充分说明，行动是一切行为的首要条件。想要成就大事的男人，必须要说到做到，一切以结果为导向。

普京一直都是个行动派，就算有些事不得不走程序，他也不会因此就将问题拖延下来。

在俄罗斯的西部城市沃罗涅日，有一位叫瓦西里·阿法纳西耶维奇·尼基京的老人。他是一名抗战老兵，已经80岁高龄。政府为了照顾这些老年抗战英雄，特别在退休金的基础上，一次性补发每人25000卢布的基金。这当然是一件好事，可是所有的老兵都领到了补助，偏偏尼基京老人的补助迟迟未到账。

老人很是不理解，就找到退休基金会去问情况，可是办公人员却给出了这样的答案：“是你自己拒绝了这笔补助，所以才没有打到你的账户。”老人这下着急了，毕竟这不是一个小数目，而且自己从来没有放弃过这笔补助。为此，他四处寻求帮助，但都没有结果。最后，他想到了总统普京，所以亲自给总统办公室写信。原本，老人并没有抱什么希望，因为他很清楚，总统的事务太多了。没想到普京很快就给了他回信：已经了解了这件事，并要求退休基金会解决。

又过了几天，老人的孙女告诉老人：“你中午要待在家里，退休基金会的人说会有电话找你。”老人想，这应该是补助的事了。果然，到了中午12点钟，电话就响起来，先是一个女性礼貌地让老人稍等，很快就传来一个熟悉的声音：“你好，瓦西里·阿法纳西耶维奇。”老人虽然看不到电话那头是谁，但这声音太熟悉了，他听出了是普京的声音，激动地说：“你好，费拉基米尔·弗拉基米罗维奇。”普京在电话里向老人了解了补助金的事，并亲切地询问老人的健康以及他当年参加战争的过往。最后，他对老人安慰说：“您不要着急，我会帮您。”

普京放下电话，立刻对老人的问题进行了处理，他对沃罗涅日州的州长库拉科夫说：“你一定了解瓦西里·阿法纳西耶维奇的事吧？虽然从地区范围上来说，这不是一个大问题，但从全国的角度出发，如何对待老战士，或者说如何对待全体老年人，就是一个非常重要的问题，我要求你回到具体事例上，从总体上系统考虑这个问题。”

之后，老人在电话里请求普京：“请你一定第三次参加总统竞选，我会支持你。”虽然普京再三解释，但老人执意认为普京才是最合适的人选。因为通过普京的行动，老人看到了希望，也因为普京说一不二的执行力，老人才会认为他是最合适的总统人选。其实，俄罗斯的一大部分民众都认为，普京就是那个说了就会去做，而且一定会做到最好的行动派总统。所以他们坚定地支持普京，让普京在总统的位子上工作更有信心。

或许，不只是俄罗斯国民才感受得到普京的行动力，就连国外那些知道普京的人，也对此深有体会。

普京曾经在莫斯科接见美国的拳击手小罗伊·琼斯，两个人谈得很好，普京告诉琼斯他自己也很喜欢搏击与体育，拳击就在其中。这显然让琼斯很高兴，他说：“如果我能有本俄罗斯护照，在两地往来就方便多了，这里的人都很热爱体育，所以我特别热爱这个地方。”普京笑着说道：“如果你长期居住俄罗斯，我会帮你获得俄罗斯的国籍。”

原本，在场的人及媒体以为这就是普京的一个玩笑。可没有想到，普京说到做到，很快就在各国记者的见证下，迅速为小罗伊·琼斯办理了俄罗斯的国籍。有句话说：“速度第一，完美第二；行动第一，想法第二；结果第一，过程第二。”这是对普京最真实的形容，在他的人生中，行动永远是摆在最前面的，没有行动的想法他宁肯不讲出来。也正是这种言必信、行必果的作风，才使得他成为人们眼中与众不同的行动派总统。

要想取得成就，就必须行动起来，做一个行动者。其实，对于生活中的个人来说，普京这种行动在先、结果第一的行为，是值得去学习并践行的。一个人只有拥有了果断行动的能力，其想到的、希望的事情与结果才会很快到来。

做好手边的，少想天边的

歌德说："一切实干家企图把世界置于他们的手掌之下，一切思想家则企图把世界置于他们的头脑之中。"而现在的社会现实是，大部分人多是想得更多，而做得却很少。这种想象若干问题，但并不着手去行动的人，最终的结果就只能是失望加失败。所以，德谟克利特才说："一切都靠一张嘴来做而丝毫不实干的人，是虚伪和假仁假义的。"

澳大利亚奇人尼克·胡哲自出生就没有四肢，由于身体的残疾，他上学时经常受到同学们的嘲笑，为此他也曾感到绝望。直到有一次，他听到一个曾是孤儿的成功者的演讲，这才终于意识到那些和痛苦不幸抗争的人才能给其他人带来希望。于是，他立志成为一个演说家，而在很多正常人看来这几乎是不可能实现的。对于别人的质疑，他没有用语言去争辩，而是不断让自己变得强大起来。他克服了常人难以想象的困难，通过不断的努力，学会了刷牙、写字、游泳、冲浪和打高尔夫球。在被连续拒绝52次后，他终于获得了一个面向公众演讲5分钟的机会和50美元的薪水，自那以后，尼克先后在25个国家发表了数千场演讲，用他自强不息的实干精神鼓舞了世界各地成千上万的人。

很多人都有这样的问题，对于未来计划得非常详细而完美，可是在完成未来计划的时候，却很少见到切实的行动。这种手边的不做，脑里想象的却与日俱增的行为，最后就变成了现实与想象的脱轨，给人生带来无尽的失意与落寞。

对普京来说，他绝对不允许这样只想象不行动的事情发生在自己的生活和工作中。因为，他一直认为实干比一切想象都重要，不想天边遥不可及的，一心做好手边的事情，才是可成就大事者的生存之道。这应该是普京的一个个性优点，也是他可以成就大事的关键所在。

1998 年的时候，俄罗斯政府在叶利钦的领导下乱象丛生，回天无力。当时很多政府要员都看到了这一乱象，特别是错综复杂的国内外问题得不到良好解决，致使国家快速衰退。很多人甚至生出远离政治的想法，在找到出路之后，便早早辞去政府职务。1999 年，普京临危受命，坐上了总理之位。他一上任，就表现得与众不同。他没有做任何官员继任之后的人际拉拢，更没有不断的宴会演讲，甚至连那些昔日讲不出所以然的会议也直接停掉，他最先提出的就是解决眼下俄罗斯的混乱现状。

敌对势力的不断侵扰是当时俄罗斯内乱的重要源头。普京不但制订了打击恐怖分子的计划，而且为了鼓舞前线的官兵们，亲自去往前线慰问大家。俄罗斯的冬天不仅天气恶劣，而且飞机都没有办法正常起降。但普京却并不愿听从机长的意见，回自己的办公室去等通知。他在未与任何人商量的情况下，独自出现在前线的机场。当前往迎接的人看到普京时，已经吓得说不出话。因为普京亲自驾着战斗机，身穿迷彩服，从飞机上走下来，随身只有一个人陪同。这对于一个国家的总理来说，不但前所未有，就是这种雷厉风行的作风也足以打动任何人。

普京这种不畏危险、不惧困难的个性，这种注重行动而不坐在办公室畅想未来的行为本身，让所有好高骛远的人都能总结出一个道理：普京之所以成功，在于他想得少，做得多。这就如同普京自己所说的一样："不能为了任何人都不明白的荒谬理想而工作，应该始终以现实为基础，为如今生活的人，为明天和后天生活的子孙后代而工作。"

普京是这样说的，也是这样做的，就职总统以来，他给人的印象就是沉默寡言，可是他所收获的却是一个正逐渐走向光明的全新俄罗斯。

沉默可以让人忽略你的存在，可是有力量的沉默却会让人感觉到惧怕，因为你不知道这沉默的实力什么时候会突然爆发，不知道这胸有成竹的沉默要达成什么让人意想不到的结果。虽然他不说话，可并不代表他不去行动。这样的行动要远比那些聒噪不停的人更迅速、更快捷，甚至会让你来不及反应。

普京的沉默就是如此，他不愿和任何人讲自己的理想，也不愿在任何地方描述自己的雄心壮志。就连总统任职这样大的场合，他也只有那句：给我 20 年，还你一个奇迹般的俄罗斯。这就是普京，不多说话，抛开那些不切实际的幻想，在最关键、最重要的点进行实际的操作。和普京一起工作过的情报人员这样说："他是个多面手，非常能干……具有敏捷的、卓越的行政管理经验，是个优秀的组织者。"

当然，这种冷静、沉着、务实的个性，与普京克格勃的工作经历有关，但同时也与他心怀现实的志向有关。取悦别人不是他的风格，夸夸其谈更不是他的特色。唯有着手身边事，一心为着未来行动，才是普京最为欣赏与追求的。

这种品质，在如今的社会已经变成熊猫一般可贵。诱惑越多，理想越高远，人们就越会生出不现实的想法。想得太多，就会忘记自己应该做的事，从而变成一个空想家。从现在起，约束自己的想象，做好手头的事。要时刻谨记：没有最基础的铺垫，就不会有高远的未来之路；没有最根本的行动，就谈不上未来无限的成功。

给自己一个正确的定位

知道自己处于什么样的位置，知道自己想要达成什么样的目的的人，是一个高度自律的人，也是一个可以通过控制自己，进而控制他人的人。因为这样的人时刻保持着清醒，在生活中，为自己正确的定位努力，从不逾越和忽略。所以，给自己一个正确的定位，就是对自己行为的一种约束，有了它，你将无往不利。

一个人既不能高估自己，也不能看低自己，不能与现实相脱离，才有可能走向最终的结果。普京作为俄罗斯的最高领袖，虽然身居高位，虽然能力非凡，但却从来不逾越自己对自己的定位。他始终保持理智与清醒，用亲和的态度对待国民，用强硬的作风来捍卫国家利益。

很多人可能想不到，哪怕普京身居这样的高职，也从不在自己身上搞特殊化。当国家进行人口普查的时候，总统一家也与其他家庭一样，耐心接受调查员的调查。调查员进入普京家里之后，惊讶地发现，这个房间不但简单，而且平凡到毫无特色。除了最基本的家具，连电视机都是老式的。这是一个总统的日常生活，他没有居高临下的骄傲，也没有与众不同的优越感。

在家里，普京是一个普通的俄罗斯男人。可在总统府，他是掌管整个国家发展与利益的关键人物。他很清楚国家的现状，知道对外应该怎样行使国家权益。在外交上，普京始终保持着灵活的务实之风，以节约与经济为原则。特别是在做总统的前几年，他首先打破俄罗斯的超级大国理念，因为他知道，现在的俄罗斯已经不再是一个超级大国，它面临着前所未有的灾难与衰退，需要用心"调养"。所以，普京改变了叶利钦时代国际事务所采用的"广泛参与"原则，不断减少俄罗斯外交中的理想主义。在选举时的公开信中，他这样对俄罗斯民众说："如果俄罗斯被一再邀请处理需要花很多钱的全球事务，而我们在举债度日，不能为国人发工资，那就要先掂量一下自己的能力，可能的话就等等再说。"正是凭借这样清醒而准确的定位，普京成功地为俄罗斯的经济打了一针复苏剂。当他有意识地放弃追求大国的幻影，并将外交资源集中于涉及切身利益的方向和领域之后，俄罗斯发生了很大的改变。普京不但成功制止了国内经济的不断衰退，还在 10 年的时间里，让俄罗斯的经济提高了 7%。

这种正确的定位显然是成功的，只不过，这样的定位需要执行者付出极大的自制与管控。这就如同一位曾经与普京一起工作的军官所言："克格勃的整个行动计划都在普京的血液中流动，他有高度的自制能力，行动十分小心谨慎，不苟言笑，他很聪明，从不夸耀自己，从不引人注意，但总是成效不凡。"而普京的一个朋友则说："普京有着很强的克制力，很少有过头的举动，我与他相识 29 年，却从来没有看到他喝醉过。"

英国的政治家罗·伯顿说："自制是金光灿烂的马缰。"一个懂得自制，并有着顽强毅力进行自制的人，才会让自己的正确定位得到从一而终的实施。如果一个人了解自己，可以为自身定位，却因为不能自我约束而无法实现定位，那只能说，他接纳了自己，却无法接纳他人，他的人生定位是有问题的。

不懂深谋远虑的领袖不是好领袖

深谋远虑，对人是一种褒奖，它意味着一个人的智慧与实力运用技巧，更显示一个人对于未来的未雨绸缪。可以将其良好运用的人，不但可以隐藏自己的实力，不流露于锋芒，更可以达到目的，甚至实现超越。这对于所有的国家领袖，又或者是不同团体的领导，都是一种能力的考验。

堂吉诃德在所有人的眼里，都有着旺盛的挑战欲，可是，他的所作所为却只会沦为笑柄。看不清前方，不懂观察的人，永远不可能是一个深谋远虑的人。

对于一个政治家来说，深谋远虑尤为重要，如果做不到游刃有余，至少你要会审时度势；如果不懂采用迂回战术，至少你要保存实力。如此，才是一个领导人所应有的实力，也才能不负众人之所望。

普京的性格中，有强硬、低调、勇敢、缓和的特质，这些特质恰恰是作为一名领袖所必需的。普京在成为总统之前，曾加入过苏联共产党。后来为了走向政治，他在索布恰克的提议下，退出了克格勃，同时也脱离了苏联共产党。从此，普京成为无党派。但第二任总统到期之后，他果断地接受了俄罗斯党的邀请，成为俄罗斯党主席。

别人都认为普京之所以会这样做，其实就是为了保证自己后期的回归。但事实上，人们很快看到，普京这一举动意义深远。原来，普京加入俄罗斯党就是在放眼未来，让俄罗斯拥有团结、积极、负责的社会力量，从而对国家的发展起到很大的作用。

普京不但可以让俄罗斯有一个稳定的政党，更可以保障国家政治制度的稳定，保证国家发展战略的计划实施。这对于普京本人，对于俄罗斯整个国家，都具有提升作用，此种行为真可谓用心良苦，计议深远。

2001 年，俄罗斯的国家实力尚处于薄弱状态，于世界舞台难有一席之地。这对于一个国家，一个曾经的大国，一个有无比远大理想的领袖来说，当然是不可接受的。

当俄罗斯面对国内外各种严峻挑战的时候，普京做出了非常冷静并极富智慧的应对。他举行了自己国家整个世纪以来的最大型的战略演习，在空中、海上、陆地分别进行白杨导弹的发射，充分显示出俄罗斯隐忍而不发的强大实力。那些对俄罗斯不友好的国家很快就意识到了俄罗斯并不是他们想象中那样不堪一击，所以适时收敛自己的行动。

一个国家的领袖具有了巧妙、睿智的思想以及行动，这个国家势必会同时得到加强和稳固。相反，一个只看眼前利益，或者以短浅目光解读发展的领袖，其国家自然会走向衰弱。领导与普通人一样，不管在什么位置，什么境遇当中，没有深谋远虑的智慧，都注定不可能变得恒强而稳定。

1936 年，山姆·沃尔顿进入密苏里大学攻读经济学学士学位，并担任大学学生会主席。1940 年，他大学毕业报名参军，服役于美国陆军情报团。退役后，他到一家当时很著名的大超市求职，以他的学历和才能，本来可以获得一个管理职位，但出乎经理意料的是，沃尔顿竟然要求做一名收银员。虽然有些不解，但看他诚恳的样子，经理还是答应了他的要求。沃尔顿把收银工作做得无可挑剔，屡次得到经理的赞扬。几个月后，他要求转到别的岗位上，经理同意了他的要求。就这样，不到两年的时间，沃尔顿把超市各个岗位的工作都干了一遍，且都干得非常出色。就在经理准备为他加薪升职的时候，沃尔顿却向经理提出要离开超市，自己要去开店。后来，沃尔顿创建了沃尔玛零售店，在沃尔顿的经营下，沃尔玛成为世界零售业的顶尖巨头。

不少刚毕业的年轻人，总是奢望马上就能找到一份理想的工作。然而，好工作往往是无法一下子得到的，你必须选择一份工作作为历练，才能积累你的成功。职业旅程中的第一份工作，无疑是踏入社会这所大学的起点。也许你的第一份工作差强人意，但是别在意，沉下心来，好好历练自己，因为路是一步一步走出来的，“高成”还须从“低就”开始。

Vladimir

Putin

法则十一

进退自如：真正的王者也会适当示弱

“我不准备和布什竞赛”

在人的一生当中，总存在不同程度的对比与竞争。很多时候，这种对比和竞争会因为心态的改变而变成恶意针对，从而消耗双方原本强大的实力。相反，倒是适时进退，懂得把握尺度之人，才可以收获成功。可见，不良的竞争无益于任何人，而适当的退让不但可以保存实力，还能保持自己独有的风度和从容。这就如同著名的生物学家达尔文所说的：“如果你不能战胜对手，就加入到他们中间去；物竞天择，适者生存。”

有一次，普京到中国进行访问，工作之余去登长城。就在普京拾级而上的时候，记者团中忽然有人问普京：“美国的小布什先生也来这里登过长城，而且一直登到了第三座烽火台，不知你准备登到哪一座？”普京停下脚步，微笑着说：“我不准备和布什先生竞赛。”大家都怔怔地看着普京，一时不知如何反应。

可是，普京说到做到，爬上长城第二个烽火台之后，向第三个烽火台走了一半，便返回身向下而去。他不但淡定而且坦然，对于自己不走向第三烽的行为，一点也不介意，甚至不愿多说一句话。但分析家们却从中看到了普京在面对俄罗斯的现状痛定思痛之后的全新谋划，这种战略层面显然就是以退为进，以不争第一的心态稳步向前的全局谋虑。

事实也确实如此。在俄罗斯经济和国力都相对低弱的时期，普京在国际舞台上的行为只能被称为积极、进取，这和他如今的强硬完全不同。他不但与美国积极合作，还曾经当众在峰会上与美国总统拥抱，这让所有的国家都看到了普京想要融于国际的决心和毅力。当美国单边提出退出反导条约时，显然对俄罗斯的利益不利。但普京并没有任何强烈反应，甚至同意美国在中亚国家建立军事基地，从而完成了俄罗斯国力的不断提升。特别是通过近些年来的发展，俄罗斯已经完全找回了曾经在国际舞台上的位置，成为人们眼中的又一大国。

实际上，早在俄国十月革命之后，当时的领导人列宁就懂得了以退为进的智慧。苏维埃政权建立之时，很多人都主张与德国继续交战，但列宁却不同意这样做，而是以忍受“割地赔款”的苛刻条件，与德国签订了《布列斯特和约》，与德国停战，退出了世界大战。当时很多主战派将领不能理解列宁的做法，甚至觉得列宁是在“丧权辱国”，是软弱的领袖。列宁告诉他们，当时的燃眉之急是巩固政权，而不是对外战争。对德和约使苏俄获得了宝贵的喘息之机，苏维埃政权很快肃清了国内的反动军队，巩固了政权。而此时，德国在第一次世界大战中败给了英法为首的协约国，成了战败国，那些在《布列斯特和约》中割让出去的领土也随着德国战败归还给了苏联。

苏维埃政权建立之初，可谓“内忧外患”，外部有德国军队的进攻，内部有地主资产阶级反动军队的反扑。列宁清楚地看出，苏维埃政权的最紧要的任务是肃清国内反动军队，巩固政权，所以在对外政策上采取了“退”的策略，忍辱与德国签订和约，退出了世界大战。当然这种牺牲是有回报的，那就是苏维埃政权得以肃清国内反动势力，成功地巩固了政权，而最后的结果是，所割让的领土也回到了苏联手中。两害相权取其轻，为了一个更大的利益，不妨在小的利益方面暂时退让，渡过危机，以图再取。

什么时候进，什么时候退，充满了人生玄机。在客观条件于己不利、自己实力又不具有绝对优势的情况下，就要暂时退让，以退为进，寻找时机，再图进取，这才是智者的明智选择。这样，一方面可以使自己暂时避开不利的局势，让反对自己的人失去进攻目标，逐渐放松敌对情绪；另一方面，还可以趁此机会增强自己的实力，待时机成熟再发动攻势，一举获胜。而当自己实力雄厚，客观条件成熟的时候，则要当机立断，激流勇进，把握住稍纵即逝的机会，成就一番事业。当然，进的时候，要未思进先思退，想好退路，一旦情况发生变化即可全身而退；退的时候，则是积极地退，而不是消极败退，利用“退”保存实力，为进寻求机会。

虽然说退让在一定程度上有着妥协的意味，但人生懂得退让，又不在退让面前停步不前，无疑就是一种做人的智慧了。它可以让你在生存空间中变得游刃有余，更能让你保持向上奋发的实力。而且，退让的艺术也绝不是一味的妥协、没有原则的忍让，而是要学会因地制宜，适时而动，唯有如此，方显大丈夫风度。

“黑带”普京“败”给10岁女孩

世界上没有绝对的输和赢。适度把握输赢，为自己的人生和实力加分，这才是真正可以笑到最后的赢家。

在世人的印象中，普京在任何比赛中似乎都是赢家。因为普京个性强硬，极富隐忍力，不管多难啃的骨头，他都有早晚啃下的决心。因此，在普京的人生中，他从来不知道“失败”是什么味道，也不知道失败对自己意味着什么。他这样告诉身边的所有人：“如果你准备动手，你就要咬牙坚持到底。”

但就是这样的普京，却曾经做出了一件让世人瞠目结舌的事情：在柔道比赛中，他输给了一位只有10岁的小女孩。这个故事就发生在普京去日本访问的过程当中，当时他正与一群人到东京江道柔道馆进行参观。所有人都知道，普京是个柔道达人，他不但一生执着于柔道，而且在柔道的段数上一直保持日渐精进的上升。

进入柔道馆之后，普京与练习柔道的人一起谈论有关柔道的话题，气氛非常融洽。后来，日本方安排两个柔道选手与普京进行切磋。当然，以普京的实力，很容易就把这两名柔道选手摔倒在地上。可是，让人没想到的是，一位只有10岁的小女孩主动要求与普京比赛。普京也被这女孩儿的勇气所感染，很大方地接受了邀请。开始，人们确实是以看好戏的心态来面对这场“比赛”的，因为大家都好奇，普京会以什么样的方法来打败女孩，从而保持自己总统的威严。显然，出手太重没有风度，但比的时间过长，又让人质疑总统的能力，这确实是个棘手的问题。

但所有人都没有想到，柔道高手普京在小女孩的两个动作之下，便被摔翻在地。这一刻，所有人都惊呆了。因为没有人会相信普京比不过一个小女孩儿，但他却以一个总统的身份，毫不造作地“输”给了小小年纪的女孩儿。可很快，大家便在这种“失败”中幡然醒悟：普京的智慧在于，不求一时之输赢，以亲民温和为箭。这种坚定、强势之中又不缺乏人情味的男人风范，深深打动了每一个人。

谁都可以想得到，普京的柔道功力远在小女孩之上，可是如果他真的打“败”小女孩，又能为自己赢来几分“面子”？但他改胜为败，以自己首脑的身份，来对一个弱小女生表示充分的尊重与爱护，自然比起真正的比赛要有趣味得多。这种行为本身就是一种美德，是一种不以自强而欺人，不以自高而比超他人的大度之美。被摔倒固然失态，但却让普京赢得了赞誉。

不争一时之勇是普京为人称道的原因之一。其实，普京不只是在10岁的小女孩儿面前才认为面子不重要，哪怕是在国际外交的大场合，也会用自己的风度去勇于承担他人的不当行为。

有一次，普京携当时的妻子柳德米拉一起出访英国。英国首相布莱尔夫妇盛装出席，走在红地毯上格外热情，有如明星一般不断地挥摆自己的手臂。但这种大幅度的摆动，明显会让一起向前的普京夫妇失去红毯上的位置。柳德米拉便因为要让开布莱尔夫妇的动作，被挤到了地毯之外。这时，普京没有表现出一丝不快，只是快步后退，给妻子留出了位子，同时轻轻拉住妻子的胳膊，似乎在安慰说：“有我在，没事的。”

这一细微的画面，被媒体都拍了下来。普京甘为人“后”，不抢风头的温和谦让，以及对妻子的温婉照顾，成为当时人们街头热议的话题，甚至成为英国女性眼中最有素养和浪漫情怀的男人。而一度在闪光灯下热情洋溢的布莱尔夫妇，显然完全没有了那种“魅力不挡”的味道，好像被人们遗忘了。

普京的权势以及气场足可以让人们“臣服”，但他更乐意用最平常可见的低调，最难以屈就自我的退让成全他人。这种行为的背后，是一个男人风度与胸怀的彰显，当然也更展示一个政治家以退为守的无限智慧。

大文豪巴尔扎克说：“在人生的大风浪中，我们常常学船长的样子，在狂风暴雨之下，把笨重的货物扔掉，以减轻船的重量。”普京正是深深悟出了这句话的精髓，用一时的失却来成全自我的最终圆满，用退步的力量，来迎接逆境中向前的动力。

在生活里，每个人都应该有这样不蛮争一时之高低、适度以退为守的精神。只有当你抛弃了自己身上不必要的“面子”“尊严”之类的自我束缚，才能将事情变得简单，才能将人生活得淡然。而这，也正是让你变得豁达，能够轻装前进的资本。

“我请你到莫斯科来做手术”

有句话说：“为王者外圆内方。”其实，不仅是为王者，任何人都应该有这种外圆内方的精神。因为，在人生的旅程中，外方的棱角很可能让你与他人相摩擦并受伤；但内方的根本却是一种原则的坚守。用圆滑的方式，面对摩擦；以内方的行为，坚守自我，这才是真正可以与所有人相处，却又能进退自如的方法。

当面对棘手问题的时候，又或者是面对不可不回答的问题时，很多人往往会被逼到极点，从而做出有失自己风度的事来。这种处世之方，不但有失自己的人格，还会被别有用心之人冠以“恼羞成怒”的恶名，从而让你有理说不清。其实，这就是处事乱了分寸的行为，如果可以了解他人，以镇静自守的方式来解决问题、回答难题，那可能结果就完全不一样了。

台湾著名的学者余光中有一次在台湾一项文艺大奖中获奖，和他同台领奖的获奖者大多是他的一些晚辈，他们个个年轻气盛，英姿飒爽，唯有余光中年届花甲，满头白发。当时的场面略显尴尬，余光中自己也觉得颇不自在。但是在致辞中，余光中却风趣地说：“一个人年轻时得奖，应该跟老头子一同得，表示他已经成名；但年老时得奖，就应该同小伙子一同得，表示他尚未落伍。”话音刚落，满堂喝彩。

余光中用机智的致辞化解了尴尬，他处世的风格和豁达的个人魅力让人赞叹不已。而在这方面，普京显然也很擅长。他任总统之前，以一贯的沉默和低调来保持自我。但成为总统之后，他就不得不在很多时候面对别人的“为难”。这就是成“名”所带来的困扰：关注你的人越多，问题自然也就越多。

但是，这也难不倒普京，他不但保持自己的个性，还非常有见地，会分析局势，以不同态度和方法来对待任何一个难关。有一次，在西方记者招待会上，有一名记者这样直言不讳地问普京个人财政问题：“一些欧洲媒体报道，你现在是欧洲最富有的人，是这样吗？”普京意味深长地笑了，并不准备回答这个问题。可是，记者却一再追问：“这些报道是真的吗？如果是，那请问你的财富是从哪里来的？”普京看了看大家，表情变得严肃而认真，说：“这确实是真的，我不仅是欧洲最富有的人，还是世界最富有的人，我的财富就是俄罗斯人民给予的，他们两次选择我，让我领导俄罗斯这个伟大的国家。”

此语一出，全场寂然。显然，普京在回答这个问题的时候，偷换了财富一词的概念。但他的方式并没有什么不好，至少一个总统可以将自己的人民赋予的权力称为财富，又特别自信、坦然地公之于众，这就是一种勇气，更是一种感恩的心态。只不过，普京将这种感恩大胆地讲了出来，从而让俄罗斯的民众有了回应一般。这种做法使普通人不得不感动，他们再一次看到了普京身上散发出的独有魅力。这样换一个概念，既可以满足好奇者的好奇心，又能表达自己对于国家的厚爱，是何等睿智聪明的回答。

不过，普京的强硬也是他解决问题的一个有效手段，很多时候，记者们会因为普京的发怒而不敢发言。但这种愤怒，却让人民拍手称快，特别是俄罗斯的民众，时常会把普京的愤怒看成是对自己国家利益的维护，反而会因此更加拥戴他。

2004年，俄罗斯发生了震惊世界的伊斯兰人质危机。普京临危下命：一个恐怖分子也不能放过。但是，当时事件发生得快，解决得快，其后果就是有人质在解决问题的过程中死去。当普京参加布鲁塞尔欧盟领导人峰会的时候，有西方记者旧事重提，问普京对待恐怖分子的手段是不是与人权不符，甚至说这是滥用暴力。很明显，这是在用双重标准为难俄罗斯、为难普京。

面对西方记者的公然发难，普京没有保持他应有的领导人风度，而是当下大怒，严厉地说："如果你愿意成为伊斯兰极端分子的话，我请你到莫斯科来做包皮手术。我会给你介绍最好的专家，切得你什么都不剩！"一位国家总统在公众场合口出脏话，这简直令人难以相信。但普京做了，而且做得大胆又义无反顾。因为在他看来，一切对俄罗斯动用暴力的行为都是不可忍受的，也是要给予正面回击的，在这里没有任何风度可言，这就是处事的原则。

事实上，普京的愤怒让俄罗斯人民举国兴奋，他们从普京的话语中听到了他保家卫国的决心，更从中彰显了俄罗斯不屈不挠的勇敢气节。就有俄罗斯的民众这样表示："普京总统说的话太好了，我为这样的总统感到骄傲，对那些试图想要用双重标准来指责我们俄罗斯的西方政客，这就是给他们开出的最好药方，来莫斯科做手术吧，保证你不后悔！"

这显然就是普京的高明，他不但要维护自己国家的利益，更要提升自己。这种总统一怒为人民的处理问题方法，犹如一块大石头，一下扔进了平静的湖心，引起俄罗斯民众空前高涨的爱国情结，更让他们为有这样的总统骄傲不已。而对于西方国家来说，这却是一颗子弹，射中了那些别有用心的人。这似乎在警告他们：不要对俄罗斯抱有好欺负的幻想，不然就让你来莫斯科"做手术"。

谦逊做人，“低就”才能“高成”

自古以来，在成功者的身上，人们常常会看到谦虚的美德。我们要想在社会中长久立足，就必须学会谦逊做人。

2010年11月15日，《赵氏孤儿》在京举行了发布会，出品方表示将该片的上映时间提到12月4日。对此，导演陈凯歌表示：“我在圈里出道较早，所以理应体现出谦让的美德。竞争很残酷，对大家都不利，我有义务错开这个热映档。”因为年底有姜文导演的贺岁片《让子弹飞》和冯小刚导演的贺岁片《非诚勿扰》也要上映，为防止贺岁片扎堆儿，造成贺岁片市场混乱，所以陈凯歌作出了这样的主动退让。但这样的做法，不但使《赵氏孤儿》的票房收入因为独自上映而获得丰收，还让姜文、冯小刚两位好友非常领情。后来，只要是陈凯歌拍戏需要，这两位都给予全力配合。

作为影坛“重量级”的老大哥，陈凯歌主动将片子提前上映，避开黄金档期，还谦虚地称这是“自己的义务”。他的谦让不但得到了姜文、冯小刚的感激、赞许，票房收入也获得了丰收，可谓双赢。

普京也是一个谦逊之人。他从小心怀大志，一心希望能够复兴俄罗斯。但他并没有急于求成，也没有刻意去用自己的智慧钻营为政之路。不论是站在索布恰克身后，还是立于叶利钦的麾下，他都始终保持不急不躁、稳步向前的态度。特别是1996—1998年，普京在叶利钦身边完全得不到施展才华的机会，但他始终保持一副听凭调遣的态度，不但服从命令，而且任劳任怨，将自己的事务处理得恰到好处。

正是普京这种戒骄戒躁、谦逊踏实的心态打动了叶利钦。应该说，在普京的人生当中，这种谦逊踏实的风格时刻都保持着。当然，作为总统，普京可以这样谦逊；做人，他依然可以充分运用以抬高别人来提升自己的方法。据说，国际象棋大师卡斯帕罗夫就领教过普京的这种功力，而且心悦诚服。

原来，卡斯帕罗夫并不喜欢普京，经常公开发表反对普京的意见。对此，普京都不予理会。有一次，卡斯帕罗夫去高加索地区做演讲，他说一定要借此机会抗议普京政府。当然，普京依旧保持冷静的态度，不回应也不阻止。不论出于人权还是自律，普京都不可能去阻止卡斯帕罗夫的行动。可是，媒体自然不会放过这样有“意义”的事件，当众问普京对卡斯帕罗夫有什么看法。

普京很认真地说：“卡斯帕罗夫是我最崇拜和尊敬的人，是俄罗斯的民族英雄。这次没有听到他的演讲，非常遗憾。将来有机会，我一定会向他当面讨教。”这样谦逊的一位总统，面对他人对自己的攻击，选择了这样恭维谦逊的回应。后来，卡斯帕罗夫听到普京的发言，自己反而变得不好意思起来。这也让拥护普京的人对他更加崇拜与爱戴。

这就是谦逊做人的魅力，用自己看似“低姿态”的做法，来为自己赢取更大的前进动力。就如同普京说的那样：“我想，国务活动家至少要有头脑，为了建立国与国之间的关系，需要的不是情绪化的东西，而是自己国家最基本的利益。”

俄罗斯著名的作家奥尔格·布罗特斯基这样描述普京：“他无所畏惧，大公无私，有着钢铁般的意志，热情好客，谦逊而和蔼，他就是普京，即使在当上俄罗斯总统之后，他仍然保持了所有这些可贵的品质。”连德国总理施罗德也在回忆录中说：“普京的谦逊让人惊叹，当然，他不需要夸耀和刻意展示自己的光彩。”

这样可贵的谦逊品质就是普京以退为进的法宝，虽然它表面上是一种依顺，是一种听从，但却包含了人生的另外一种智慧：积蓄力量。普京用这种表面看似依顺的行为来贬低自己，可很快就能从贬低中重新得到抬高自己以及国家的力量。不在强者面前咄咄逼人，就可以让对方放下对你的警戒，不在胜利面前过于张狂，就能培养你不断向前的耐力。普京已经对此非常了解，自然能从中找到自己的发展、成功之道。

允许自己在人前流泪

人和动物的区别就在于人拥有着丰富的情感，会高兴，会烦恼，会紧张，也会害怕。因为有情感，人才会用各种不同的情绪来表达自己：微笑、流泪、生气、伤心……不论是平凡之辈，还是高高在上的国家元首，都脱离不了情感的控制。

普京自从入主克里姆林宫以来，便成了世人眼中冷峻、强硬、坚毅的人物，他不但能上天下海，更能骑马打枪，几乎所有过硬的品质都集聚于他的身上。可就是这样的硬汉，却也从来不回避自己的脆弱情感。允许自己在人前流泪，这是普京对自己情感的坦诚，也是他在为人方面的真实表现。

2012 年 3 月，俄罗斯的总统大选结果揭晓。普京在担任了 4 年的总理职位之后，以全国民意支持率 60% 的高票数，强势回归克里姆林宫，再一次成为俄罗斯的总统。这对于很多的政治家来说恐怕都是人生中难以实现的梦想，包括普京，他纵然一直自信，可也会因为这一刻的到来而热泪盈眶。

普京站在莫斯科马涅什广场的演讲台上，用有力而又不失感性的声音这样与俄罗斯人民对话："曾经，我问你们，我们会赢吗？现在，我们赢了！这不仅是一场总统的选举，而且是一个对我们所有人、对俄罗斯人民极其重要的测试——俄罗斯人在政治上成熟了，独立、自主，没有任何人、没有任何东西是可以强加于我们的！票选表明，俄罗斯人民能够明辨‘求新、求改革的意愿’与‘政治离间’的区别，政治离间的唯一目的是摧毁俄罗斯。”说到这里的时候，普京变得泪光闪烁，声音同时哽咽，他用手指着台下，继续说：“我们获得了压倒性的支持，获得了公平的胜利。”

这样的泪水在民众们眼里是意外的，但同时也感染了他们，这泪水代表着真诚与责任，它让人民感同身受。普京就是这样一个从来不善于表达自己情感的硬汉，但可以在内心情感无法压抑的时候，大方地让自己热泪盈眶。他用自己的眼泪，告诉所有人，他也需要情感上的释放，他也有脆弱的时刻，他和大家是一样的。这种真诚恰恰就表现出了一位总统的纯朴与真实。

在普京的政治人生中，这绝不是唯一的一次流泪。有一次，普京在新奥加廖沃官邸观看在俄罗斯票房极高的电影《十二怒汉》，电影是尼基塔·米哈尔科夫翻拍的，讲述一个车臣的少年，在不得已的情况下将继父杀死。后来他被控告杀人。在这个案件中，12 名陪审人员经过跌宕起伏的心理变化之后，最终决定少年无罪释放。

当看到陪审员做出裁决的那一刻，普京的眼泪流下来了，他并没有为此感到不好意思，而是从口袋里拿出手帕，一边擦去眼泪，一边富有感情地说：“尼基塔·米哈尔科夫是赚人眼泪的大师，这次他又成功了。”这就是普京，男儿有泪也应弹。流泪并非软弱，而是真性情所在。

有一句话说：“没有情感的政治是不长命的。”这充分表明，一个人之所以可以成为成功的政治家，在于他与人民有着感同身受的情感联系。如果将自己活成一个机器，将自己变成刚硬不可撼动的人物，那么，人民是不会感觉到安全的。

其实，不只是政治，人生在世，如果缺少了情感的支配，人生会变得苍白而无力。不要说成就什么大事，就算是想要保持良好的精神状态、身体健康，都是一种困难。因为人的情绪可以决定健康的程度，一个情绪不健康的人，其心理必然会经历变态的扭曲。普京的行为，不过是坦率做人、真诚示人的表现。这种做法也只会让他的人生更加收放自如，为他增添更多的人格魅力。

Vladimir
Putin

法则十二

真诚做人：“我偶尔也颓废，但从来不装样子”

不装样子，做真实的自己

普京作为俄罗斯的总统，他最大的人格魅力就来源于真实。在普京的话语间，人们经常可以听到不加掩饰又不会拐弯抹角的大实话。有时，这些实话甚至带有粗口，很不像是一个总统说出来的话。但普京从来不介意，他始终坦率地承认自己从不装样子，该是什么样就是什么样。

在普京还是圣彼得堡的第一副市长时，有一次，他要接待以基辛格为首的美国访问团。

基辛格看到普京严肃而略带忧郁的样子时，感觉很好奇，便问普京："你以前在什么地方工作？"

普京说："对外关系委员会。"

"那么在这之前呢？"基辛格又问。

"最高苏维埃。"普京回答。

"再以前呢？"基辛格追问。

"列宁格勒大学。"普京依旧简单地说。

"列宁格勒大学之前呢？"基辛格又问。

"克格勃。"普京似乎永远都以最直接的方式来回答问题。

"在克格勃做什么工作？"

"对外侦查局。"

"是在俄罗斯，还是国外？"

"在国外。"

"哪个国家？"

"在东德。"

换成任何人都不敢相信，这是官员与官员之间的一场简洁对话。基辛格对普京的印象是：真实。与基辛格一样，当美国前总统布什与普京接触之后，也说出了这样的话："我看着这个人（普京）的眼睛，我发现他很真诚和值得信任，我觉得能了解他灵魂深处。"

普京的个人魅力，就在这样的直率之中。可以说，这是普京从籍籍无名开始，到成为世界最具有影响力的魅力人物之后，都始终坚定保持的一种本质。

与普京共事过的人都记得他在叶利钦的总统办公室工作时的表现。面对总统，所有人都表现出一副谦卑的样子，唯有普京不一样，面无表情就是他的表现。而当叶利钦询问大家问题的时候，每个人都搜肠刮肚、小心翼翼，唯恐说错一句话。但叶利钦回忆，唯有普京总是神色如常，仿佛张口就来，让人觉得流利又真实。

正是这样的真实，让叶利钦非常放心地将他推上总统之位。而有了权力的普京，却依旧保持这一本色。当他决定与柳德米拉·普京离婚时，并没有选择隐瞒公众。当时，普京正在克里姆林宫观看芭蕾舞演出，俄罗斯24电视台的记者便在休息的空当提问普京："听说你与妻子很少在一起露面，传言说你们不住在一起，这是真的吗？"

普京很直接地回答："是的，我们已经分开了，我们都有各自的生活，我们几乎不见面。"记者又追问离婚的理由，普京说："我的所有工作都要公开，有些人喜欢，可有些人不喜欢，也有人完全无法容忍这一点，柳德米拉已经坚持了8年，甚至9年，总之，这是我们共同的决定。"这就是普京，他从不对自己、对外人虚构事实，也从不用谎言去编织自己的光环。事情应该是什么样子，就是什么样子，真实是唯一的答案。

很多观察家认为，不论是从一名官员还是从一位政治家的角度来分析普京，都显得不够全面，因为他真实的个人魅力显然很少在这二者身上出现。但就是因为这样的与众不同，普京是成功的，他从一个最初不被人看好，甚至没有人认同的平凡之辈，成了全国绝大多数人认可并持久尊重的领导人。

如果说真实可以给你成功的可能，那么一生一如既往地真实，才是人生最难能可贵的品质。这样的品质不管放在哪一个人身上，都能够成为一旦发力便势不可挡的动力。因为真实让你真诚待人，也能让身边的人真诚待你，这样的队伍与支持，才是战无不胜的根本。

不追求完美，有些缺点更可爱

俗语说："金无足赤，人无完人。"不完美才真实，唯有真实才更动人。因此，不管面对什么情况，不过分追求完美，才是让你内心坦荡、身心皆可自由的基础。否则，你将永远活在没有尽头的苛求之中，苛求完美，却得不到完美，周而复始。

在心理法则中，有这样一个超出人们想象的结论：近乎完美的人并不可爱。这是因为一个各方面都完美无瑕的人，其本身就是有问题的，他的生存本身就存在着不确定性，而他身边的人就会同时产生心理上的压力。可见，过分完美不但让自身没有办法生存，就是身边的人也不愿接受。

普京作为世界上最富魅力的人物，他自身也并不完美，对于这一点，就连他的前妻、第一夫人柳德米拉也认同。柳德米拉在自己的传记《权力之路》中这样说："普京有着诸多方面的小缺点，不但约会爱迟到，还有着严重的大男子主义思想，他对女人有两条黄金格言，就是'一个女人必须把家里收拾得干干净净''你不能随便赞扬一个女人，否则你就会把她宠坏'。"

柳德米拉在书里讲了一个小故事。与普京相识伊始，他们约会时，普京经常迟到。结婚之后，她发现，普京非常大男子主义，每次为他做饭都要特别花费心思，因为如果哪个菜做得不合普京的口味，他就会立刻放下叉子，以拒绝食用来表示不满。

对于这些，普京并未掩饰，他一直认为，小缺点无伤大雅，不完美的自己才是真实的自己，他甚至在国际社会、媒体、民众面前，竭力显示自己的不完美。所以，普京在接受美国记者采访时，曾经坦率承认："我的主要缺点是轻信。"他甚至还会拿出在克格勃工作的经历来举证自己另外的缺点："我从来对接电话都心存恐惧，因为这是我被派出国执行任务时，语言不通所留下的后遗症。"虽然现在普京已经克服了这些缺点，但他依旧念念不忘。人们似乎又从这些小缺点中看到了总统可爱的另一面：上进心强，不忘教训，更时时总结经验。

早期与普京共事过的人说，普京的缺点其实是不善言辞，还会拿普京的往事作为例子：那时，普京还在圣彼得堡任职，需要在立法会议上发言，可这对于普京来说简直就是活受罪。虽然他每次都会为发言做充足的准备，可讲话之后，依旧感觉"元气大伤"。索布恰克则这样说："有一次，普京刚开完会回来，我看到他的样子不由得吓了一跳，因为他脸色发灰，无精打采，仿佛一下瘦掉了几斤肉一般。"

不过，这样的缺点对普京似乎不是什么坏事，因为当年的那些政治家都太能夸夸其谈，唯独普京与众不同。他更愿意沉默地将事情做好，这让俄罗斯的民众格外喜欢。《共青团真理报》的记者甚至去采访过普京从前的邻居，问他们如何看待普京不善言辞这件事，没想到，大家几乎异口同声：普京是个实干家，不耍嘴皮子，有的政治家只注重自己的公众形象，有的则更注重自己的事业，普京就是后一种。

这就是普京的小缺点为他带来的人生影响，大男子主义，让他刚硬而有魄力，让他在国际舞台犀利、强硬；而不善言辞却让他埋头实干，不讲空话，将实事进行到底。这使得普京的形象更加丰满、更加生动，也让人民对于这样真实、可爱的总统更加尊重，愿意一如既往地支持他。

生活中也是这样，不要去一味地要求自己完美得无可挑剔，应该学会从错误与缺点中努力自省和改进。承认自己的缺点，显然可以让你提高自己；而有小缺点的现实，则可以让你拉近与大家之间的距离。同时，只有意识到自己的小缺点，并勇敢面对，人才能从内到外变得谦和而宽容。

用真诚换取别人对你的信任

一个想要获得他人认可的人，必须要有真诚的心，以真诚待人，以真诚换取别人的信任，才能立于不败之地。因为，真诚不但可以折射出一个人的最本质特征，还是社会活动中的一个重要评价标准。不真诚的人，不会获得别人的信任和支持，想要成功自然难如登天。

对于一个领导者来说，真诚是永葆自身良好形象的秘诀，失去了真诚待人的理念，其政治生命必然不会长久。当然，对于任何一个人来说，真诚都将是帮你成功与他人展开互动的基础，人与人之间，没了真诚也就没有了信任，就无法吸引朋友，更不可能得到他人的认可与拥护。

在真诚方面，普京可谓魅力十足。2011 年，俄罗斯曾经进行过一次全国范围内的民意调查。参加调查的人共计 1600 个，分别来自 46 个不同的地区。

在调查中，人们发现，37% 的受调查者认为普京为人真诚。这一数据充分说明，在人们的心目当中，普京的个人诚信得到了大家的认可。也因为如此，人们才更愿意信任他，支持他连任总统。

人们不会忘记，在普京初任职总统的时候，他这样对俄罗斯的民众说：“给我 20 年，还你一个强大的俄罗斯。”至普京连任总统结束时，8 年的时间里，俄罗斯不但国力大幅增强，其国民的生活水平也普遍提高。而且，俄罗斯对外的国际魅力也被重新定位，这足以让人们看到普京真诚待人、真诚做事、不虚妄、不夸大其词的个人优秀品质。

普京不只在人民看得到的地方保持自己的真诚，在小事上也从来不含糊。2003年，普京为了真正了解俄罗斯的现状，利用自己的假期特别走访了俄罗斯荒蛮的西北地区。

2004年，他又一次深入到远东地区，为着手开发、强大国家各地区而不遗余力地奔波、视察。对于俄罗斯的普通民众来说，这样的总统是绝无仅有的。因为远东地区不但与莫斯科有着很大的时差，其开发状态也远远不及其他地方，而且民众行为粗鲁，并不好沟通。但普京迎难而上，一一走访，对工作方式进行有针对性的改进。

普京真诚的态度实实在在地打动了老百姓，民众都这样说："好不容易盼来了管事的，可最多是一大堆的空话，到普京这里总算不一样了。"确实如此，普京以行动证明了自己。

有一次，他要去极北地区的苏尔古特视察，没想到天气突变，直升机不敢起飞。面对这样的情况，普京却完全不愿改变自己已经决定的日程，毅然选择乘坐专用直升机飞往苏尔古特，而其他官员、媒体等最终都没有跟上普京的脚步。

普京的行为拉近了自己与民众之间的距离，人们都说，普京是可靠的人，值得信任。而普京在任职总统期间，走遍了俄罗斯的七大行政区，有的地方甚至去了不止一次。他每到一处，都允许媒体随行，并现场实况转播，说老百姓有监督权，应该让人们看到他这个总统到底在做什么。

真诚做人，实在做事，说起来很简单，可真的想要在充满竞争、压力的社会中坚持下去，显然有一定的难度。只不过，越是有难度，才越显得难能可贵。只有当你真正敞开胸怀，做到说真话，做实事，不为自己的过错找借口、推责任时，人们才会相信，你的真诚是由内而外的，你的为人是真诚可靠的。如此，人们对你的信任就越来越多，你成功的可能才越来越大。用真诚换回信任，你将倚仗着真诚为人的基础，走向成功人生的高峰。

男人一定要豁达

豁达是一种人生智慧，它不仅仅代表着你的坚强，还彰显你品质中的柔韧。一个豁达的男人往往最能获得人生的成功，因为他懂得适度忍耐与让步，同时又可以时刻督促自我向前，从心理到实力上强大自己。俗语说："宽一分是福，让一步为高。"这就是人生境界中最高的豁达生存之道。

西方有一句谚语：同是一件事，想开了是天堂，想不开是地狱。

普京曾经说："宽容是人的美德。"在他看似冷峻的外表下，其实拥有一颗非常豁达的包容之心，对于他人的错误，多会宽宥，对于不足的事件，也会从另外的角度来考虑。

俄罗斯的民众常将普京与叶利钦进行对比，叶利钦个性直率，但脾性之中，更多的是暴躁，经常会对自己的属下发火，动不动就会因为愤怒而将官员辞退。在叶利钦任职总统的 8 年时间，他办公室的官员如同走马灯一般，换了二十几位，而单是总理这一个职位，就 7 次易主。

也正因为这样，人们才看到了普京的不容易。跟在叶利钦身边，普京不但一步一步走向了总统的位子，还保持了一颗与叶利钦完全不同的执政之心。普京身边的官员，几乎都可以和他成为要好的朋友，就算与官员的意见不合，如果官员的想法更有利于国家利益，更有利于事态的发展，普京也会非常大度地任用这个官员，不会因为担心自己颜面扫地而疏远他。

叶利钦下台之后，普京一直与他保持着良好的联系，完全不计较自己在叶利钦手下时受到了多少不公待遇，以及曾经被其指责过的现实。他不但保障了叶利钦晚年的生活，还特别用俄罗斯的国家法律来保证其一家人的待遇，将叶利钦安置在一处豪华的别墅中，终生使用国家的通讯、交通工具，并享有特别通行权。这让人们由衷地赞美：普京是个懂得感恩又不计前嫌的大度之人。

普京上任之后，要对选举制度进行改革，叶利钦得知这个消息，立刻就站出来反对：坚决不能破坏 1993 年的全民公决生效的宪法。叶利钦甚至说普京的这种做法是剥夺人民的权利，让人民得不到充分的自由。无疑，这对普京的领导及威信都是很大的挑战。不过普京并没有与他计较，而是专心做自己的事。

不久之后，普京再次提出俄罗斯应该将斯维尔德洛夫斯克州和车里雅宾斯克州以及库尔干州合为一州来进行管理，叶利钦对此非常不赞同，又一次当众批评普京，说这是新潮的设想，对俄罗斯未必好用。

到了普京的总统任期快要结束时，叶利钦明确表示，普京不应该继续连任第三届总统，而且也绝对不能通过修改宪法的方式来保住自己的总统之位。同时，他在公众面前表示，自己会支持自由派政党，而不是支持普京这一派的政党。这种做法让普京非常被动，外界甚至传出普京与叶利钦不和的传闻。

可是，面对叶利钦这样一而再、再而三地当众干扰总统行使职权的行为，普京并不在意。他虽然会与叶利钦意见相左，但从来不会在生活和财物上为难叶利钦。一应要给叶利钦的，他都悉数给予，而且在新年、国家节日等这些重要的日子，都不忘去探望叶利钦，甚至亲自请官员为叶利钦过生日。

有一次，叶利钦在意大利的撒丁岛度假时，不慎摔倒造成骨折。普京知道之后，立刻派了专机将其接回国内接受最好的治疗，并在叶利钦调养的过程中，自己多次到医院和家中探望。

普京这种以德报怨的行为，让叶利钦深受感动，他在接受记者采访的时候说："我很高兴自己选择了普京，没有选错；我知道，迅速发展的俄罗斯需要一位年轻的总统，我就努力寻找这样一个人，将创造一个自由、富强及文明国家作为理想和最重要的价值观，同时具有坚定的意志，行事慎重，普京就具备这些素质。"

这就是普京，将帮助过自己的人一直记在心里，将需要自己帮助的人也一直放在心上。他不会用自己的权力去打击为难自己的人，他认为那样有损自己的形象，他更不会利用自己的职位去贬低任何一个人。这种豁达、宽容的个性，将普京冷峻、坚硬的外表衬托得更加强大而有力。

很多人苦恼、郁闷，无法拥有良好的情绪，根本的原因是自己不够豁达。比如，有的人因为失去一些东西而无比心痛，有的人因为过去的某个过错而一直深深内疚，无法轻易原谅自己。但是，空间不能逆转，时间无法倒流，不管你为了过去如何后悔和烦恼，都无法改变曾经发生的事，这样做只会白白浪费你的精力和时间。须知，当你为失去太阳而难过不已时，你也将会失去夜空的点点繁星。

人生短暂，不如意之事十之八九，我们何不豁达一些，坦然接受呢？想想普希金说过的那句话："阴郁的日子需要镇定。同样，人生的狭隘之处也要豁达。"

豁达就是心胸开阔，性格开朗，潇洒通达。豁达可以让心灵海阔天空，豁达可以让争吵的朋友重归于好，豁达可以让多年的仇人化干戈为玉帛。

虽然说豁达的胸怀是以看不见的内涵做基础，但俗话说，境由心造，每一个人每一样事物若都能以这么博大、高尚的心境来容纳一切的话，那么你的情绪就不会肆意泛滥，你的人生才不会失控。用博大的心胸去包容前嫌，以海纳百川的气势去接纳所有，我们才能最终获得人生的从容与淡定。

吹毛求疵的男人不值得尊重

有一句话叫作"水至清则无鱼，人至察则无徒"。也就是说，鱼不可能在清而无杂物的水中生存，人若过于注意他人的优点与缺点、长处与短处等，也会因此失去朋友。我们生活在社会上，会和各种各样的人打交道，谁都不能对别人吹毛求疵。唯有放淡对于他人的看法，从容面对自己所不能接受的行为，你的人生才会成就清浊并容的雅量。

神学家康庇斯说："很少有人会以自己的天平来衡量别人。"这也就是说，人的通病在于对自己和他人使用双重标准，过分强调他人的错误与缺点。

男人的大度在于能够原谅别人的错误，对于别人的攻击也不会睚眦必报。普京在这方面就做得非常好，不但豁达，而且从来不在小事上吹毛求疵，从而让他硬汉男人的形象更加高大，并受人尊重。

在普京初任职总统的时候，有人说："普京既没有经济理论，也没有搞宏观经济的经验，所以他的政策很多都是错的。"

对于这样的说法，普京并不生气，只是说："我清楚地知道，有众多的俄罗斯居民生活异常艰难、贫困，这种情景我铭记在心，这是我在决定经济政策时最好的顾问。对于大家的批评，我也会虚心接受的。"

其实，普京在成为总统之前，便一直拥有如此的心胸。不管是他初上台后的国力大增长，还是后来民意支持率 80% 的强势，他都始终保持着这一好作风，处处宽以待人，时时以真诚度人。

普京在担任俄罗斯总理期间，有一次，他去滨海地区视察，选择了在导弹巡洋舰“瓦良格号”上过夜。可是，粗心的舰长却忘了把通往舱内的喇叭电源切断，结果，整整一夜，普京都是听着巡洋舰的所有声音度过的。经过一天的奔波，再加上严重睡眠不好的一夜，普京感到非常疲惫。天亮之后，舰长才发现了这个疏漏，当他想要对普京道歉时，普京却毫不介意，好像并没有发生过这件事。

可是，这件事情被滨海边疆的行政长官纳兹德拉坚科知道了，他内心非常不安，于是找机会当面向普京请求原谅，认为自己的工作没有做到位。普京却这样说：“你这样高抬我，让我感觉快要活不下去了。”这就是普京对于他人的小过错的态度，不放大，不追究，也绝对不会放在心上。

在生活中，我们应该懂得“恕”，学会宽容，懂得多给别人一份理解，一份感激，这样才能收获别人的理解和感激。

孔子说，己所不欲，勿施于人。但是在现实生活中，很多人都会犯这样的错误，一味地要求别人理解自己，却不知道自己从来不去理解别人。只知道别人应该对自己心存感激，却不知道自己从未对别人的帮助说过一声“谢谢”。

英国女诗人伊·芭·勃朗宁曾说过：“能宽恕别人是一件好事，但如果能将别人的错误忘得一干二净，那就更好了。”

托尔斯泰是俄国大文学家，出身贵族。虽然他如此有名，但他为人十分低调，对人十分和善，从不摆大作家的架子。

一次，托尔斯泰进行长途旅行，路过一个小火车站，就很想到车站里走走。

当他来到月台上时，一位先生从列车车窗里冲他直喊：“老头儿！老头儿！快替我到候车室把我的皮包取来，我忘记提过来了。”那时，火车已经拉响鸣笛，准备开了。

托尔斯泰立即跑进候车室拿来皮包，递给了这位先生。原来，这位先生从托尔斯泰的穿着，断定他是车站的搬运工。也难怪，托尔斯泰的身上还沾了不少尘土，看起来脏兮兮的。

“谢谢啦！”拿到行李的先生对托尔斯泰说，并随手递给他一枚硬币，说，“这是赏给你的。”

托尔斯泰接过硬币，高兴地装进了口袋，这可是意外的财富啊！这时，旁边的一位旅客认出了“搬运工”，就大声对这位先生说道：“先生，您知道您的赏钱给谁了吗？他就是托尔斯泰呀！”

“啊！老天爷呀！”那位先生惊呼起来，慌忙解释，“托尔斯泰先生！托尔斯泰先生！看在上帝的面上，请千万不要跟我计较！请把硬币还给我吧，我怎么能给您小费呢？我真是有眼不识泰山啊！”

“先生，您不用如此自责。”托尔斯泰满面笑容地说，“您又没做什么坏事！况且，我的劳动也得到了回报啊！这个硬币是我挣来的，我得收下。”

汽笛再次长鸣，列车缓缓开动，那位先生欲言又止，脸上满是愧疚和遗憾。

法国作曲家福莱也曾说过：“一个不肯原谅别人的人，就是不给自己留余地，因为每一个人都有犯过错而需要别人原谅的时候。”一个人若是宽宏大量，他的身边便会聚集众多知心朋友。所以说，小事，不要太过计较，要原谅别人的过失；不如意的事来临时，要泰然处之；受人讥讽时，不要睚眦必报。在生活中，要学会吃亏，把便宜让给别人。“海纳百川，有容乃大”，一个拥有这种胸怀的人又怎么会不成功呢？

从容淡定才是强者风范

从容淡定的形成绝非易事。从容于心，淡定于行，这应该是每一个人都应该向强者学习的人生境界。

人生在世，不可能总是一帆风顺。在面对变故与意外时，你选择慌乱地不知所措，还是理智淡然地解决？

在任何危机之下，普京永远都是从容淡定、不疾不徐。特别是他在竞选总统时，他的竞争对手都非常有实力，而且他们因为有着强大的后盾和家族背景，在气势上已经明显压倒普京。可普京全不把这些放在心上，因为这是他无法改变的事实。不过，他会用行动去改变自己的劣势，拿良好的成绩为自己说话，最后一举成为冲出来的一匹“黑马”。

如果说普京在国际上展现的是严肃和强硬的一面，那么，针对国内的局势，普京则用一种完全不同的态度来对待他的国民。当普京再次参加总统竞选的时候，反对派们组织了人群进行示威游行。不过，这并没有对普京造成任何影响，他还是在电视广播的直播节目中，与支持自己的民众进行交流。

当有人问他会不会为游行示威感到担心时，他一副幽默自如的神情和大家谈笑：“为什么这些人都系着白丝带，我一开始将其看成了安全套，还以为他们在搞防治艾滋病宣传呢。”这话说完，惹得观众们都笑起来。

这就是普京的从容与淡定，以不变应万变，将治大国与烹小鲜看得别无二致，所以他在事业上顺风顺水、所向披靡。由此，人们也足可以看出淡定从容对于一个人来说有多么重要。这样的人不是强者，还有什么人能成为强者？所以，学会让从容淡定融入自我处事风格之中，将会帮助你养成过人的心理素质，更能成就你真正的强者风范。

简·博尔创建汽车公司时，有很多跟他一起打天下的伙伴，鲍勃就是其中之一。一直以来，鲍勃都负责公司海外业务的开拓，但是有一次，由于他的急功近利，犯了大错，导致公司损失了一大笔钱。但是让鲍勃没有想到的是，简·博尔非但没有怪罪他，还将他大加赞赏了一番。

事情是这样的：

在下班的路上，鲍勃无意间一回头，发现简·博尔就走在自己的身后。他并没有停下来，因为这次投资的结果已经让他感到非常难堪了，他不想再接受简·博尔的羞辱，可是简·博尔却大声叫住了他。

简·博尔来到鲍勃的面前，非常友好地拍着他的肩膀问："这一次你做的海外投资结果已经出来了，大家都议论纷纷，你自己觉得怎么样？"鲍勃觉得，简·博尔是在质问自己，所以只能耷拉着脑袋说："这一次确实是我的失误，我从这件事情当中得到了惨痛的教训。虽然我已经想尽一切办法进行补救，可还是只收回了 70% 的成本。"

"嘿，我亲爱的伙计，你好像看起来很沮丧，可是我觉得这件事情你干得棒极了。"简·博尔说。鲍勃觉得这话是对自己的一种嘲讽。简·博尔接着说："我原以为会血本无归，可是因为你对这件事情的正确判断和做事果断坚决的态度，让公司免受了那么多的损失。真的，鲍勃，你干得这么出色，实在是出乎我的意料。"鲍勃听了简·博尔的话，心里涌起了一股暖流，因为这是他一生当中听到过的最好的安慰。因为这次失败，他原本已经失去了继续留在公司的勇气，可是因为简·博尔，他又重新燃起了希望。而当他斗志昂扬地重新开始工作时，他才发现之前的错误虽然给公司造成了损失，可是也让他在错误当中认清了方向。他及时做出了调整，改变了投资计划，公司又获得了一笔不小的利润。

在简·博尔的身上，体现出来的就是一种从容的生活态度。从容是人生拼搏的另一种境界，它不是消极被动地去承受，也不是放弃对人生的追求，而是有所为有所不为。能够以从容随心的态度面对生活的人，总是能从风云变幻的局势中审时度势、把握方向，在艰难坎坷中收放自如、游刃有余；总是能够在逆境中找到方向，始终保持前进的姿态，并时刻以坦然、自信的态度面对生活。

在工作和生活中，我们都应该淡定从容，在谋事的时候，我们只要尽力就好，能做到什么程度算什么程度，不为难自己，不强求完美。在事情过后，我们不能因为得与失而或喜或悲，但是要及时检讨自己，努力从中吸取经验，让自己始终保持向前的姿态。只有这样，才能让自己的生活更快乐，更坦然。

Vladimir
Putin

法则十三

硬汉柔情，大男子的小温柔

冷面背后的柔情

很多时候，人们会为一个硬汉流下的眼泪感到心酸，为一个孤独者的叹息而心动。这是因为，一个人无论有多坚毅，多强硬，其内心深处都会有不为人知的柔软一面。所以，人以情感而生，以爱为存在。这是上天赋予人类特有的财富，失去这份财富，你的人生将变得冰冷，你的一切行为也都将失去意义。

对于男人来说，真正的魅力与成熟、刚直、坚毅有关，但与此同时，温柔也不可或缺。因为人是多面体，他不应该只是一个冷冰冰的毫无感情的铁石之人，也不会是一个完全的柔情至上者。只有懂得在强硬与温柔之间灵活转换的男人，才会让女性由衷认可，也才会拥有最动人的魅力。

人们一直将普京视为硬汉，甚至有人认为，在普京的世界里，应该永远也不会有与他人一样的感性。但事实却并不是这样，因为普京也是凡人，他也有自己的家庭生活。对于他从小长大的地方，对于陪伴他成长的人和事，普京一直都念念不忘。

普京与人们一起分享了自己的成长，他这样说起自己的父亲与家庭："我父亲不苟言笑，表面上很冷淡，但我知道，他爱我，关心我；我比许多同龄人都幸运，因为我能亲身感受到父母亲对我的呵护，这一点对我很重要，因为这使我能健康成长。"讲这些话的时候，普京很平静，可是这番话会让听者深有感触：硬汉也有柔情。

这是普京的个人情感流露，非常真实。在他的自传里，就有这方面的记载，他说起自己对于父母的感情时说："在父母心目中，最为珍贵的是我这个人，因此，即使我口头上什么也不说，但只消向四下里看一看，我就有充分的理由认为，我所处的家庭环境是最好的，对我而言，这是相当重要的，相当重要！"从这样的话语中，人们可以读到这位硬汉心里的柔软情愫，没有谁，也没有任何地方，可以取代家在普京心里的位置。

普京还曾这样深情地提及自己的父母："我想，如果在大学一年级时，我可以说自己的父亲是教授，母亲是副教授，那会让我非常高兴的，所以，我不愿刻意强调父母的工种。不过，在我心里，从来不因为他们的职业而感到羞愧，我一向尊重父母，一向亲切地对待父母，因为我深深明白，我的一切都是父母给的。我也清楚地懂得，作为普通人，我父母已经尽了最大的努力。"这是一个硬汉的表白，它包含着对父母深深的爱。这些旧事虽然看起来微不足道，却明明白白地显示出普京内心丰富的柔情。

2007年，普京曾经到俄罗斯南部一个鲟鱼养殖中心去视察。当时，他仔细地了解了关于鲟鱼的问题，这种在里海几近灭绝的鱼类，让普京也生出浓郁的怜爱之情。他用双手捧着一条鲟鱼，在鱼的头部轻轻吻了一下，然后将它放回到海水中去。这个小小的举动，立刻就迎来了现场热烈的掌声。人们在解读这一行为的时候，一致认为，这是普京的惊人之举，可是这个举动却让人们看到了他内心深处对生命的赤诚情感。

这样的事情在普京的人生中并不少见，他爱自己的父母，爱自己的妻子、女儿，更深深爱着俄罗斯所有的人民。为了俄罗斯，不论多小的事情，在普京的眼里都是需要马上解决的大事。有一次，他在俄罗斯卫国战争胜利日与参加第二次世界大战的老兵们见面。当时，有一位叫玛莎·阿尔古佳耶娃的老兵，在普京面前讲起了自己的生活。当说到现代生活的改变时，老兵不禁抱怨了一句，说每次打电话都不方便，因为电话少，打电话的人多，每次都要排很长时间的队。普京当时就记下了阿尔古佳耶娃的名字和地址，并在当天晚上十一点钟，为他家里装好了一部电话。

这是普京对俄罗斯人民的情感，俄罗斯的民众全都看在眼里。当外界说普京霸道、强硬的时候，支持他的俄罗斯人民却说：“普京是一个亲和、善良、仁爱的总统。”也许对一个政治家来说，没有什么比民众的认同更让人欣慰了。但这一切对于普京来说，只不过是他正常情感的一种表现，他想要告诉人民的是：在自己强硬的外表下，也有着与普通人一样的柔情。

细节打败一切

细节决定成败。很多人想要成功，却忽略了可以决定成败的小细节。特别是那些心浮气躁的人，总认为小事是可有可无的，殊不知，正是因为忽视了细节，自己才与成功越来越远。

人们都知道一个道理："做好小事，成就大事。"然而说起来容易，做起来难。

普京就是一个注重细节的人。首先，在个人形象方面，普京从来不会不修边幅。虽然他的身高并不占优势，但他穿衣时刻保持合体；对品牌虽然并不注重，但从来不会乱搭配服饰。

曾经有记者报道，普京对手表钟爱有加，舍得花 6 万美金买一块手表。相对于他每年的薪资来说，这笔钱绝不是一个小数目。不过，这也从另一个方面充分展示了普京对于自己身份和品位的注重。正是因为对细节的投入，普京才成了所有女性眼中阳刚、坚毅又不失品位的潇洒男性。

身为俄罗斯人，普京却从不认为喝酒，特别是喝烈性酒是一个好习惯。他还在德国工作的时候，就已经在这方面克制自己了。有一次，他与柳德米拉去一个朋友家做客。朋友知道俄罗斯人都喜欢喝酒，所以特别准备了好酒来款待普京夫妇。但普京却坚持不让朋友将酒打开，并告诉朋友，他从来喝不了这么烈的酒，平时也很少喝酒。朋友惊讶于普京的行为，认为他几乎是个无可挑剔的男人。

当然，这只是与个人生活有关的小方面。普京对细节的注重，更多地展示在他对自己的工作和身边的官员身上。在参加总统竞选的过程中，普京亲自打造自己的智囊团，所有的团内成员都是他亲自挑选的。不论是能力还是形象，都让人们看到了一个意气风发、蒸蒸向上、充满活力与实力的团体。这样的团体，又怎么可能不被人们看好？这样的素质，又怎么可能不让人信赖？

俄罗斯的人民一直都记得，当普京准备第二次打击车臣武装分子的时候，为了让民众从心理上可以接受，他亲自前往报社，通过热线与民众进行这一决议的沟通。当时，一位叫亚历山大的民众说：“这真的是总统在征求我们的意见吗？我不敢相信自己还可以与总统对话。”普京则非常幽默地说：“你不敢相信是正确的，因为跟你对话的人，现在只是一位代总统而已。”

普京的风趣让民众放松下来，开始讲自己的意见，有人认为，打击车臣武装分子并不怎么好，只是不知道普京想要怎么来展开这场与敌人的对战。普京便说：“你怎么可以这样呢？一方面不希望我打击车臣武装分子，一方面又号召我同敌人进行斗争。不过，我认为这两者之间有联系，车臣武装分子已经成为俄罗斯犯罪的主要成员，如果不把他们彻底解决，就没有办法让俄罗斯境内恢复真正的和平，也没有办法有效打击犯罪。”

在接下来的时间里，普京与民众进行了长达一个半小时的沟通，针对民众关心的问题进行一一回答。他不但坦诚，而且亲和，让民众充分了解了打击车臣武装分子的必要性，也同时为他个人的魅力加分很多。当然，这都是普京对于细节小事的注重带来的结果。一个细小的行为看似与成功没有直接的关系，但一个又一个的小细节却让这成功越来越真实，越来越容易。普京注意到了这一点，同时也用心去完成了对于细节的处理，他 70% 以上的民意高支持率以及持久受爱戴的形象，也就这样不知不觉形成了。

见微知著，以小见大。人生确实如此。这无疑是大成功所必需的环节，如若对其绕行，又或者放弃，成功的终点又如何抵达呢？

既要做个好丈夫，也要做个好父亲

男人的一生，有两个非常重要的角色，即丈夫与父亲。当他从男孩儿成长为男人，当他离开父母的怀抱独自成立家庭，便开始了一个男人所要承担的社会责任、家庭责任。只不过，想要顺利担起这样的责任并不容易。因为人生本就难以两全，只有真正用心，并拥有一定毅力的男人，才有可能同时承担这样的责任。

一般来说，男人的形象多以顶天立地来形容，因为在男性心目中，几乎人人都有一个英雄情结，会把自己想成无所不能的大丈夫。这本无可厚非，人生在世，谁不希望拥有一番事业，谁不想在外大展拳脚？不过，男人只成就事业远远不够，因为要给自己爱的人营造一个安全又稳定的环境，也是你分内的事。只是，有太多男人在这两个方面无法做到完美结合。其主要原因就是忘了在不同环境里进行换位、调整自我。

多少成功的男人，因为习惯了外面的强势，回到家依旧盛气凌人，不可僭越。这显然就会造成家庭矛盾，给自己造成苦恼。但对于普京来说，却似乎从来不用担心这样的问题，因为他一直都把自己的定位处理得很好。哪怕柳德米拉一直在说普京非常大男子主义，但普京的行为依旧堪称优秀。因为，普京在家与在外的态度已经可圈可点，甚至足以让男人们将其视为成功人生的典范。

处于工作状态中的普京是严肃而强硬的，他的大男人风范已经让世人一览无余。但回到家里，你绝对想象不到，一个在国际上举足轻重的硬汉也会有非常细致的小浪漫，以至哄得妻子开心不已，一直认定自己嫁对了男人。柳德米拉回忆普京时这样说：每次我送普京礼物都会细致地挑选，因为我比较喜欢实用的东西，比如，衬衣、领带之类。不过，我没有耐心，从来不会提前把礼物备好，再等很长一段时间才拿出来送给他。但普京却不一样，他总是有特别好的耐心，选好礼物，定期给我惊喜。

柳德米拉说得确实没错，有一次她过生日，早上醒来时，发现床头柜上放着一个小盒子。她打开之后才看到，里面是自己两个月前看中的项链和一个十字架。原来，普京夫妇在耶路撒冷的时候，柳德米拉看中了这两样东西，却并没有买下来。普京便暗中将礼物买了下来，并包好藏起来，直到两个月之后她生日的时候拿出来。

这件小事，不仅仅显示了普京个性中的耐心，更充分表明了夫妻之间的默契，妻子的一个眼神，他便明白。这是小男人的本色，对一个做大事的男人来说，可能过于琐细，可是，普京却做到了。他没有因为自己事业有成而在妻子或者家人面前摆架子，回到家里，他就是个实实在在的俄罗斯普通男人，不但会帮妻子做家务，也要哄妻子开心。

在普京的身上，人们虽然很难看到他弱势的一面，可是在柳德米拉看来，普京就是个简简单单的男人，这与他的工作无关，与他的总统职位也没有关系。那些外界给予他的大丈夫形象，在家里，普京一点儿都不会展现出来。除非遇到重大的问题，在关键时刻，普京才会在家人面前显出自己冷静、严肃又雷厉风行的一面。

有一次，普京在圣彼得堡城外的新房子刚刚盖好，请了秘书玛丽娜一家三口过来做客。两家人在一起玩得很愉快，不知不觉天就黑了，于是，柳德米拉邀请玛丽娜一家留下来过夜。当晚，普京与玛丽娜的丈夫一起去蒸桑拿。当他们蒸完之后，走回休息室时，普京突然听到了异样的声音，还闻到了一股烟味，他迅速反应过来，大声叫道：“着火了，大家快往外跑！”

说着，普京已经冲进房间，柳德米拉与小女儿卡佳以及玛丽娜的女儿正在一楼，普京迅速将她们带出房间。可是他们的大女儿玛莎却在二楼，根本不知道发生了什么。这时火势已经变得很大，家里的电路也被烧断了。普京再次返回房子里去，一个人沿楼梯向上，在黑暗与浓烟中找到了女儿玛莎，用一条床单将她系上，顺着栏杆放下去。

至此，普京才安心地跳出门外，此时大火已经熊熊燃烧起来。看着新房子就这样化成了灰烬，柳德米拉很是沮丧，说：“刚盖好的房子就这样没有了。”此时，普京早从英勇的救险队员回到了丈夫的角色，他笑着安慰妻子：“只要大家安全，房子算不了什么。”

这是普京的人生，在不同的时刻，总是用不同的身份来要求自己。在国家面前，他是威严的总统，需要说一不二的刚硬与果断；而在家庭面前，他则是一个并不出众的小男人，甘当保护家人、疼爱妻女的好男人。

柳德米拉与普京刚结婚的时候，普京还在做特工。柳德米拉说：“也许是他以前当特工的职业习惯吧，我们在一起的所有日子，我总感觉到他在拿我做他观察和分析的试验品，要是你在一个特工的目光下生活一个礼拜，你就明白那是什么滋味了。”确实，被人审视与追究，那种滋味并不好受。可是柳德米拉与普京有着真挚的爱情，他们一起度过了二十多年，并且生育了两个女儿。普京的细致与负责也让柳德米拉真正得到了她想要的美满幸福，就如同她对普京的评价：“不管怎么样，普京是一个负责任的丈夫，他是家庭的支柱。”

这虽然只是一个女人简单的一句话，但对于一个男人、一个丈夫来说，是非常不容易的，这代表着认可，代表着一个男人的成功。但普京拥有的绝不仅仅是对妻子的爱，更有对女儿们的浓浓父爱。这就如同弗洛伊德所说的：“家庭作为一个自然的集体形式之所以有不可摧毁的力量，这是因为它的必要先决条件，即父亲的平等的爱在家庭中得到了真正的实现。”

普京有两个女儿，在她们成长的过程中，他从来都是慈爱与威严并举，从来都是以身作则。太多人说，普京对于家庭的隐私非常看重，人们甚至不知道他的两个女儿长什么样子。这对于媒体是一个不幸的消息，但对于普京来说，却是对女儿们的爱。因为普京特殊的职业，他过着不同于常人的生活。很多恐怖分子都扬言：要谋杀普京及其家庭的其他成员。正是为了女儿们可以有一个安全生活的空间，普京才严守女儿的一切消息。

当然，除了隐私上的保护，普京对于女儿们的学习与技能也非常注重。2006 年，媒体报道，普京到中国访问时，特别走访了嵩山少林寺，这显然并不在国家事务的访问范围之内，后来人们才知道，原来，普京的两个女儿一个喜欢中国文化，一个则喜欢少林武术。普京来到中国，便想到了去看一看少林武术是什么样子，是不是真的适合女儿学习。

不过，女儿们也很苦恼，因为第一女儿的身份，她们没有太多个人的自由，不但不能随便结交朋友，连工作也是一个大问题。普京的大女儿玛莎就说："大学毕业之后，我一直在找工作，用化名投的简历，很快就会有人回应，但当他们知道我的真实身份之后，就没有下文了。"她的朋友曾经问："如果一直找不到工作怎么办？"玛莎一副无可奈何的样子："如果实在找不到工作，就只好继续读书了，读完硕士研究生再读博士研究生。"这是普京教育成功的结果，她们懂得自己要做什么，而不是挥霍青春，更不会因为不自由而与父亲产生隔阂。相反，普京的朋友对外透露："尽管女儿们都有自己的小烦恼，可是她们却都很体谅自己父亲的苦衷。"

有一段时间，媒体疯传普京的小女儿即将出嫁，这当然是个假新闻，俄罗斯官方也很快就出来辟了谣。只不过，为人父者又怎么可能不考虑女儿们的婚事。女儿大了，没有太多自由，与别人接触的机会极少，这自然也就减少了她们获得爱情的机会。普京提醒自己要把这件事放在心上，甚至传出消息：自己正在为女儿们物色合适的另一半人选。所以，普京为了扩大女儿们的交际圈子，度假的时候总是带女儿们想要去、又有同龄人活动的地方。这就是普京式的父爱，有他人不可想象的神秘，也有普通男人的烦恼。只是，他更多地将人性之爱演变上升为理性之爱，让孩子们从中感受温暖，并勇敢接受现实，不断前进。

如果说，行为造就人，在家庭中，丈夫、父亲会给其他家庭成员带来非常大的影响。也许，正是因为普京深谙人生角色不同的道理，才会在不同的位置发挥不同的能力，成就不同的成功。所有男人应该都在普京的身上，学习做一个好丈夫和一个好父亲。因为只有如此，你才能让自己的人生顺势而上，让自己的家庭、事业双向发展，从而成就自我平衡的人生。

Vladimir Putin

法则十四

全能魅力，强者的征途是星辰大海

用冷幽默征服听众

语言的诙谐和风趣能让人的魅力得到提升，它如同催化剂，让人与人之间的亲密度迅速提高。幽默的人是有亲和力的，散发着迷人的风采。

幽默是一种人生智慧，它不但让人从容、机智，更能反映一个人快速的应急能力。成功者往往都具备这样的潜质，从而让他们在众人面前谈笑风生、轻松自如。当然，对于一个政治人物来说，这同样是不可缺少的个人修养。幽默睿智的语言能很好地彰显非凡的气度，更可以化解复杂棘手的问题。虽然普京的幽默多为冷幽默，但却一样让他无往不胜。

普京在第二任总统任期即将结束的时候，按照惯例召开一年一度的总统新闻发布会。可是，记者们似乎并不好应付，一位来自希腊的记者就这样向普京“发难”：“我很清楚，在任期没有结束之前，你是不能自己离开的……”他的话还没有说完，全场已经哄堂大笑，普京只能跟着苦笑。记者继续说：“你能明白我的意思吧，因为我看到这样一个报道，说你此时正坐在手提箱上，随时准备跑掉。”

听完记者的话，普京先看了看自己的两只脚，然后才说：“我是一直练习柔道的，但我不练田径，我不打算跑到哪儿去。”此话一出，便引起哄堂大笑。普京则接着说：“如果我没有记错的话，俄罗斯的总统选举应该是2008年的3月，然后后面还有3个月的总统权力交接，也就是说我要一直工作到2008年的5月，现在只是2007年的2月，你要提前把我赶走吗？我肯定会走的，但是请你不要着急。”

普京说完，大家又笑起来。这就是普京的冷幽默智慧，它让人们在轻松的气氛中放下针锋相对的心。

2008年，普京通过电视和广播与俄罗斯民众进行各种问题的对话。当时，有人问：“你对目前的就业问题怎么看待？”

普京答道：“河里有狗鱼，鲫鱼就不能睡大觉，工会要非常警惕劳动市场发生的风吹草动。”

又有人问：“为什么对乌克兰的天然气要涨价呢？”普京从容回答：“你去德国任何一家店，说免费送我一辆奔驰，我看会不会有人送你。既然如此，我们的天然气为什么要半价卖给别人？”

当有人问到住房贷款难的时候，普京却这样说：“我希望通过刺激住房贷款机构发放国家贷款，这样那些得到国家财政支持的银行就不会再‘折腾’自己的客户了。”

整个谈话持续了一个多小时，但普京始终态度和蔼，又幽默，让民众们一边笑着一边了解问题、反映问题，更解决问题。所以，民众都说普京并不只是一个一味强硬的总统，而是一个平易近人、风趣幽默的总统。这就是幽默语言的超级魅力，它不但拉近了普京与民众之间的距离，还提升了普京在国民心目中的地位。

西方哲人曾经这样说：“世间有一种成就可以使人很快完成伟业，并获得世人的认识，那就是讲话令人喜悦的能力。”显然，普京正是这样的人。早在2002年的时候，俄罗斯的报纸上就登过这样一篇文章：普京在钓鱼的过程中，与渔民亲切交流，不但问钓鱼的方法，还问渔民的生活状况。只见他把鱼饵远远地抛出去，没一会儿时间，就钓上来一条1斤多的鲤鱼。这时，普京对所有人说：“想要喝鲜美的鱼汤，你就得自己去钓鱼。”就是这样一句幽默但富有哲理的话，让人们认识了普京这个真正的语言大师。

由此可见，在生活中，一个幽默的人能够更好地与他人互动。当你的语言之中被赋予了一定的幽默成分，也就拥有了亲和力与感召力，这会对你的人生有巨大的帮助。

硬汉其实能言善辩

沉默虽然是一种很强的实力，但语言也很有力度，特别是合适的语言。所以，无论是在工作还是在生活中，时刻把握说话的艺术，学会在重要的场合说出合适的话来，那么，你离成功也就不远了。

对于知道普京的人来说，普京的成功就在于他沉稳、干练以及冷峻的品质。有的人认为，普京少言寡语，不善言辞，很多时候他的魅力就源自沉默。某种意义上说，确实如此。在15年的特工生涯中，普京确实养成了沉默且保持思考的习惯。

就职总统之后，普京慢慢让自己从一个不爱说话，甚至不愿总结发言的人，朝着多说话、会说话的方向发展。在很多人的心里，普京已经远不是从前那个一语不发的沉默特工了，因为他变成了一位真正能言善辩又性格鲜明的硬汉。

2008年，普京在即将卸任总统时，在克里姆林宫举行记者招待会。有位女记者首先发言："总统先生，请您简单回顾一下这8年的工作。"显然，这是一个并不怎么友好的问题，8年的工作大家有目共睹，如果从头来讲述未免冗长，倒让讲述的人如同做工作报告。所以，普京以简单、机警的方式来回答："在这8年中，我像奴隶那样工作，从早到晚；面对逆境时，国家元首没有权力因为任何理由而抱怨或者说胡话；有时，你不得不对其他人难以决定的事做决定，你们觉得布什会容易吗？”普京讲到最后，将美国当时的总统布什提出来，并深表同情，顺便对自己的工作做了一个总结。

同年，普京出访意大利，这时有记者问普京：“有报道说你已经与妻子柳德米拉秘密离婚了，并且还准备马上与俄罗斯的大美女、雅典奥运会艺术体操冠军艾琳娜·卡巴耶娃结婚，这是真的吗？”在国外领导人的面前，被问到自己的隐私，并且是这样不美好的问题，任何人都会感觉不舒服。但普京不仅没有生气，反而用机智为自己赢得了尊重与掌声。他当时这样回答记者：“第一，我想说，你所说的这一切，没有任何真实性；第二，你说的那张报纸我也看了，的确有提到卡巴耶娃，但也说到了其他成功而漂亮的姑娘。对这些姑娘，我都很喜欢，这并不奇怪，就像我喜欢所有的俄罗斯女性一样。”说完这句话，普京看一下身边的意大利人，马上又加了一句：“如果有人能与俄罗斯女人比美，那就是意大利女性了。”

普京的这句话，不但粉碎了关于自己婚姻状况的流言，也洗清了自己，同时更赞美了意大利，这样的妙语连珠，谁会想到出自一个沉默少言的总统之口呢？谁又会认可普京不善言辞之说呢？

2011 年 9 月，普京同样用他的能言善辩让俄罗斯民众感受到了他的智慧。当时，普京已经成为俄罗斯的总理，他在出席俄罗斯党年会时不仅精神饱满，而且满面红光。这与前几个月镜头中的普京形象几乎有天壤之别，那时的他不但双眼深陷，还有黑眼圈。此时，这一切却都消失不见了，所以媒体就猜测普京为了争取明年的总统竞选，已经做了整容手术，这样可以让他看上去更年轻一些。

对这样的猜测，普京当然无法去计较，只能如实说：“那是因为当时事务比较多，过于劳累造成的，再加上当时的灯光与角度，才会造成现在的对比。”这时便又有记者问：“那么在 2012 年的总统大选之后，你首先要做的是什么呢？”普京问道：“是首先要做的吗？”记者肯定：“是的，你会做什么？”普京对着大家做了个鬼脸，说：“我会去洗脸。”记者没有明白，追问：“那工作方面呢？”普京这才说：“洗脸既有卫生层面的意思，也有政治层面的意思，当我们将要承受的所有活动都结束了，就应该搞一下‘卫生’了。”

西方的媒体曾经这样评论普京：“俄罗斯总统普京展示了一种口吐‘利箭’的武器，比其他任何武器都更有效地穿透了西方的防御体系，这就是他征服众人的笑话。”由这个评论，人们看出，如果普京是一个不善言辞的人，他的话又怎么可能成为武器？同理，如果普京不会说话，他又怎么可能成为俄罗斯女性眼中亲切、可敬的魅力男人呢？对不同的人，说不同的话，不但要让说出的话有所作用，还要让听者可以感受自己的态度，这就是普京说话的艺术。学会说话，能够用全新的方式来标榜自己的形象，还可以收到事半功倍的艺术效果，你的人生更将会同时呈现出一种与沉默效果完全不同的风景。

“得体”是个综合体

得体的行为举止能让人魅力四射，尽显气质，更能赢得他人的尊敬。这就如同爱默生所言：“拥有漂亮的容貌不如拥有优美的身段，拥有优美的身段不如拥有优雅的举止。”

著名的文学家莎士比亚认为：“在宴席上，最让人开胃的就是主人的礼节。”这礼节其实便是主人大方得体的举止，更是其优雅合适的行为。很多时候，一个人会因为言行举止的不慎，最终在成功面前功亏一篑。这足以让我们知道，得体是多么重要，又多么关乎成败。而在普京总统的身上，人们却可以看到这种几近严苛的得体，它不但让普京的政治形象更趋完美，也使普京在强硬、亲和、睿智、果断之间切换自如，从中攫取最有利于自己发展的机会。

普京的得体，来自于他特工出身的从容与镇静，同时因为他深谙人与人之间交流沟通所需要的介质本能。有人说，普京足以让人联想到好莱坞电影中的经典形象007。他的眼神不但深邃、坚毅，更具有一股无法言喻的穿透力，而他的面孔则极具杀伤力。这样的人，不论穿西服或者是休闲服，都让人无可挑剔。这是普京对于得体所给出的第一形象分，它与个人经历有关，与头脑、智慧有关，不容易练就，但却非常重要。

普京常穿一套灰色系套装，俨然体现了他的严谨性格。其实，在还小的时候，普京已经在衣着上来打造自己的得体形象了。他的一位女同学安娜·米哈依洛娃这样回忆：“普京的衣着总是很整洁，留着短发，很少会笑，但笑起来却很亲切，他说话的语速非常快。”普京的大学同学亚历山大·库利科夫则这样说：“普京是一个聚精会神的人，外表虽然并不怎么起眼，但他衣着整齐，神态端庄，有一种独特的书卷气。”

我们可以看出，整洁大方能够给人留下这样深的印象。普京为了形象得体，时刻都保持干净清爽的外形。他不会因为天气太热，就只穿简单而宽松的服装，哪怕是夏天，他也喜欢穿整齐的三件套西装。虽然西装不一定很贵，却会让他的形象与他人完全不同。教普京柔道的教练也这样说：“我发现，在普京还很小的时候，就已经拥有了一种儒雅气质，他的眼神、举止、穿着都足以说明这一点。”

一个人也许不必穿着华贵，但一定要保持整洁、清爽的形象，只有若干年如一日的坚持，才会形成一种独有的形象特征。当然，在保持清洁的同时，再加上穿着上的审美眼光，则会让你更加出众。这就是得体的第三标准：审美。普京在这方面有着自己独到的穿衣哲学，他总会赋予不同的衣服不同的内涵，以至身边的人说：“普京的衣服会说话。”

人们可以清楚地看到，当普京去办事，但还没有眉目的时候，他总是低调而干练的，此时大多数时间他会穿短款外套。可是，目标一旦达成，普京就会穿上做工考究的大衣，这让他看上去自信满满又精力十足。普京说：“我希望通过变换服装，可以成为不同人群的好朋友。”因为他很明白，不同的人群对于审美与认知绝对有着不同的要求，他敏锐地察觉到了这一点，就在自己的身上，用得体去说话，用得体打通人与人之间的关系。

现在，身为总统的普京除了着装正式之外，依旧要保持他自己的风格，这是别人无法左右的。事实上，他身边的工作人员完全可以放心，因为普京绝对不会因着装不当而出丑，原因是这位爱“美”的总统已经完全精通了关于穿衣的知识。就如同俄罗斯著名的服装设计师说的那样：“在短短几个月的时间里，普京已经学会了如何穿得时尚而又有品位。”

不过，得体并不如此简单。普京已经给出了人们这样的答案：可以让自己的衣着得体的关键就在于有一副好的身材。所以普京酷爱运动不仅是为了健身，更是为了打造自己的好身材，这样才能让他除了正装之外，连迷彩服、飞行员服、海员服、柔道服等都能轻松驾驭。

这就是一个人得体的关键所在，它需要严谨而好学，更需要坚持与耐心。同时，还需要个人在衣着之下，用心培养来自内心的气质。一个人只有内外相结合，身心俱进，才可以形成无懈可击的“得体”。普京已经在大脑、身材各个方面达到了这一要求，自然，他的“得体”也就成了他人可羡慕而不可轻易获得的有力武器。

个性一定要有

英国哲人毛佛鲁说：“一个人失败的原因，在于本身性格的缺点，与环境无关。”这性格，即一个人的个性。当你个性当中的某种品质让你无法达成目标的时候，那也就只剩下失败了。也正是因为如此，挪威作家易卜生才会总结出这样的名言：“那些在人生奋斗中受到上帝赞赏的人，被首先赋予个性。”

年轻人似乎更标榜个性，更对个性有着自己的追求。但很多时候，它却被人们错误认知，那些所谓叛逆、离奇的习性与行为，其实都与个性并不完全相符。因为所谓个性，应该是一个人在学习、生活中所积累出来的经验与习惯，不论好的还是坏的。回看历史，那些有着丰功伟绩的成功人士，其自身便绝对有着这样脱颖而出的个性存在。

当然，这种个性对于普京并不陌生。从普京站到人们的面前开始，他就是一个个性鲜明的人。单是在他口中所爆出的那些并不文明的脏话，就几乎人尽皆知。有人总结道：“彼得大帝曾在下令惩处克里姆林宫的反叛者时，一口气说出了74个脏字，而在普京这里，他很可能想要打破这一纪录。”不过，普京对此似乎并不买账，因为他的个性当中没有造作这个词，在应该说话的场合，说出最有效的话，对他来说就是正确的。

这确实不失为一种个性，在世界各国的领导人身上，应该都很难找到这种个性的人。但这样的个性并没有给普京带来负面影响，俄罗斯人民甚至认为，这是一个总统说得最“动听”的话，它有血有肉有情感，它意味着总统已经深切体会到问题本身给国民带来的灾难。因此，这样的个性对普京是一种骄傲，它推动着普京的个人魅力又向前迈了一大步。

但是，俄罗斯的民众也很了解，这种说脏话的个性并不是总统身上唯一的个性彰显。因为这位总统可以亲自驾着飞机上天飞翔，可以下海与白鲸“交流”，更能近距离射击老虎、野猪。那些与冒险排列在一起的事，普京都可以信手拈来。这几乎就是一种能为他人之不能，可行他人之不能行的劲头，这种劲头没有个性中的冒险精神是完全不可能做到的。因此，在普京的个性中，冒险是如此鲜明与灵活，几乎闪烁出耀眼的光芒，让人民对他崇拜不已。

俄罗斯的报刊中经常有对普京的个人魅力调查，人们发现，普京受到俄罗斯 70% 民众的持久性喜欢，而当追问人民为什么喜欢他的时候，很大一部分民众都将个性这一点放在其中。一名俄罗斯女士曾这样说：“我为普京总统感到自豪，作为一个男人，他很有吸引力；作为一位总统，他是称职的领导人。”由此，人们完全可以领会，人民对于普京的喜欢，不仅仅是他领导有方，其自身的个性魅力也占据很大的比例。

当然，问及男性的时候，他们可能又对普京的个性有另外的解读了。因为俄罗斯男性在普京的身上总能感受到冷峻、强硬、神秘的特质，于是，人们称普京为“黑盒子”。普京的朋友米盖尔·博亚尔斯基这样说：“普京就好像一座冰山，你只看得到顶端，底下有多大谁也不知道。”这种神秘与他特工的经历不无关系，这一经历让他养成了隐藏自己的习惯。

在普京身上，你永远看不出他到底有多少面，而这些多面结合的个性特征，将普京打造成了一个让人无法一下完全解读的人，或者说，他应该是真正的多面综合体。普京就是用这种多面性，为自己、为俄罗斯创造了一个又一个神话，就如同亨·詹姆斯所说的那样：“思想就是力量；个性的力量也是无比的，两者结合在一起，就能创造出历史。”

对普通人来说，普京式的个性或许一生也不可能企及，毕竟，这个世界上只有一个普京。但这却并不能成为人们丧失个性的理由，因为莎士比亚说：“人生丧失了个性，就丧失了自我，人丧失了个性，就等于没有了灵魂。”纵然每个人都不可能成为普京，但一定要成为像普京一样有个性的人。唯有如此，你的人生才会因个性与众不同，熠熠生辉。

开得了飞机，弹得了钢琴

玛利·韦伯说：“不论你爱好什么都可以，但是，你总得有所爱好；因为有所爱好，精神才会有所寄托，心灵才会有所附着。”当一个人来到这个世界之后，就身不由己地开始人生之旅。而爱好，则是唯一可以标显自己独立存在的东西，如果一辈子连一个爱好也没有，你的人生只会是空虚与寂寞的。然而，拥有了爱好则不同，因为良好的爱好，会带动你激昂的精神世界，从而让你感受人生的美好和诗意。

爱好，在很多时候虽然看不出有什么实际作用，但却能让一个人得到充实感和自我满足感。可如果在爱好的基础上，再对自我能力进行提升，那显然就超越了简单的生活快乐范畴。因为爱好，所以才从中去发展自己的人生，其效果会比强加在你身上的工作更容易收获成就。这样，你不但会因爱好而得到人生释放，还会从这爱好中取得人生成就。

对于普京，他的爱好可能更异于常人一些。他曾经开着战斗机在天空飞翔 15 分钟，曾经开着救火直升机灭掉两处火情，他甚至曾经因为天气恶劣，为了不失信于民众而亲自开着专机去视察民情。普京之所以能够这么“疯狂”，是因为他有一手好的驾驶技术，对他来说，飞机如同一辆常见的汽车，实在没什么了不起。同时，普京从来不会只把精力放在一件事情上，在他看来，世界这么大，一切事物都要尝试一下才可以。这样的想法，使普京几乎成了全能人才，他不但能开着飞机上天翱翔，还可以潜水入海，与海底动物嬉戏，甚至能坐在钢琴前优雅地弹奏一曲。

2011 年 9 月，普京亲自向人们展示了他硬汉之外的一面。他在莫斯科国立民族剧院参观，与那里的演员们交流艺术感受。当他看到台上的白色钢琴时，情不自禁地走到钢琴前，坐在琴凳上，满怀深情地弹奏了一曲《祖国从哪里开始》。琴声悠扬，情感真挚，感动了身边所有的人。这就是普京的人生：如果还有什么不会的，他都愿意去尝试。

有人对普京的爱好进行过罗列，惊讶地表示，普京几乎无所不能：战斗机、直升机、民用客机，样样都可以驾驭；坦克、摩托、F1 赛车、装甲车、火车、潜艇又或者是收割收，无所不能；关于运动，柔道、冰球、滑雪、骑马、攀岩、速降，等等，几乎样样精通。当然，这还不包括他在克格勃工作时所要进行的各项专业训练，比如射击、物理、化学等方面的学习。

这样的人在世界上并不多见，所以人们只能用“全能”两个字来形容这样多才多艺的人。甚至，人们完全有理由将他当成一个异类来看待。看他平时将国际事务处理得头头是道，特别是当他全神贯注办公时，那副儒雅气质几乎没有办法让人想象他会是一个如此彪悍、硬朗的人物。这种刚与柔的结合，在普京的身上不但毫不矛盾，似乎还结合得天衣无缝，似乎他哪一样不会才是一件让人惊讶的事。可这并没什么不好，普京多面全能的爱好，让他的人格魅力得到保持，让俄罗斯的人民对他信心满怀。

不过，普京之所以这样多才，之所以如此全能，其实全因为他充满好奇的性格特征。普京的工作非常忙，连假期也要安排上接见官员、处理应急事件的公务。正是这样繁忙的生活节奏，让他感觉到人生的单调。所以，他学会了通过众多的兴趣爱好放松自己、调剂生活。从日常忙碌中，找到自己感兴趣的事件，去忙里偷闲，去合理安排，就可以很好地调剂生活。

普京还在上学的时候，体育是他最大的爱好。因为学习累了或者遇到烦心事的时候，痛痛快快地去运动一番，就可以让他减轻心灵上的负荷。据普京大学的同学们回忆，普京在学习期间，其生活几乎就是学习、运动，两者反复交替，没有其他的娱乐活动。和他一起进行运动的瓦西里·舍斯塔科夫这样说："普京进入大学之后，一有空就会到柔道馆训练，他热爱运动……只要一来这里，所有的烦心事就可以抛开了。要知道，不管是学校还是家里，烦恼事总是会有的，但在运动中却有了解放的感觉。"

这话说得一点儿没错，人在运动中是可以将一切抛开的，因为没有多余的时间让你思考。只不过，当普京对自己的爱好进行拓展时，绝不再单单是为了放松自己，他更从中不断地充实自我，学习技能，从而让个性的硬朗与实力的保持时刻得到补充。这样的全能爱好，让普京在竞选总统的过程中得分很多。谁不愿去相信一个什么事都可以做到的人呢？

当然，这也是兴趣爱好带给人的一种美好结果，就如同人们所说的那样："每个人都有自己的才能，国家要做的就是提供给他们施展才能的机会。"普京抓住了这施展抱负的机会，才让自己对社会有所回报。社会生活中的人，如果从爱好中锻炼出属于自己的才能，自然也可以找到发展的方向。如此，不仅人生活得快意，其成功的概率又会比别人高出若干倍。人生既有如此成功捷径，又何乐而不为！

形象值万金

形象是一个人生活在这世界上的格调，良好的个人形象可以增加自身的魅力。传播学学者肖恩说："我们生活在一个政治全是形象，同时所有形象也都是政治的年代。"由此可知，保持良好的个人形象又是何等重要。

纵观俄罗斯近代政治舞台，不论是前总统叶利钦，还是前总理叶戈尔·盖达尔，又或者是前苏维埃副主席舒梅科、反对派政客涅姆佐夫、俄总统候选人雷布金，等等，其在俄罗斯民众眼里的得分恐怕都不会高过现任总统普京。人们非常清楚，叶利钦脾气暴躁，叶戈尔·盖达尔则有当众咂嘴的习惯，舒梅科趋炎附势之态稍显明显，而雷布金则简单粗暴，这样的形象一旦植根于民众心中，好像很难改观。可是普京不同，他注重自己的形象，让民众从心底里信任他，对他绝对放心。这样的形象，才是帮助普京一而再、再而三成为主导俄罗斯命运者的有效手段。

普京从上台的那天起，就已经开始为自己的形象布局。面对上任之初的俄罗斯乱象，他亲自驾起苏 -27 战斗机，飞往车臣前线，对战事进行策划与布局。他用自己的行为告诉俄罗斯民众：打击车臣武装分子，保证俄罗斯安全势在必行。从而，普京的铁腕形象得以在民众心中确立。俄罗斯人民有理由相信，普京是一个说到做到、毫不手软的人物。

很快，普京又在国力不强、经济不兴的氛围中，在国际上为俄罗斯拓开一条前进之路，使俄罗斯人民的生活水平得到明显提高，使俄罗斯在国际舞台上的分量日益加重。这样的普京给民众一个全新的形象：能干。对于一个言必信、行必果的总统，谁有理由拒绝承认他的威望呢？这成就了普京个人在政治舞台上的硬朗与干练，他用形象告诉大家：普京是不可战胜的，俄罗斯是不可战胜的。

不过，普京并不一味保持自己的硬汉形象，当自己的地位得到认可，当自己的成绩有目共睹时，他非常适时地与民众打成一片，一副和蔼可亲、平易近人的形象再次为他带来全新的魅力值。当时，有媒体称，普京个人作风不好，他与俄罗斯艺术体操冠军混在一起，并生下一个“私生子”。这样的报道显然让普京的形象大打折扣，所以普京立即出来辟谣，并非常严厉地斥责了不负责任的报道。这时，人们看到了普京对于自身形象的重视，就如同美国媒体所评论的那样：“普京对自己的公众形象非常在意。”

确实如此，普京从不放纵自己，因为他需要时刻保持自己的形象。在普京看来，个人形象可与万金相抵，甚至是金钱买不到的。有了这种意念的他，自然时刻会为保持自我形象而分外用心。

2009年，普京去西伯利亚度假，度假结束之后，便对外提供了一些个人照片，有在急流中蝶泳的，也有赤膊骑马的，让“普京迷”们不断尖叫。这就是普京为自己打出的形象牌，他成功地激起了支持者对自己的崇拜和喜爱。

2010年，普京前往圣彼得堡一处赛车场，亲自驾驶F1方程式赛车，以时速240千米的速度，在场内狂飙。黄色的跑车分外耀眼，而普京身上的赛车服上印着自己的名字，他的帽子上则印着“俄罗斯”字样。这强硬、干练的作风丝毫不减当年，俄罗斯的民众从他身上看到了俄罗斯不断向前的脚步。

有人说，这是普京为了竞选总统而特别打造的形象，可这又怎么样呢？

他的形象已经完美地展现给大家了，人们看到的就是一个意气风发、勇往直前的健康普京，人们心底的英雄情结被激发起来了。普京因此获得了国民 70% 以上的支持率，他成功地第三次任职俄罗斯总统。这如果就是形象的力量，那么，普京所注重的形象打造无疑是非常成功的。至此，每个人都有理由相信：形象值万金。

纪伯伦说：“人如森林里的各种树，原本就有弯曲和正直、高大和矮小的区别。除此之外，人还要清楚地了解生活，深入地了解自己，才能确定自己的形象。于是，避免不了形象有时不完整，当人由于拿不定主意而生气时，那形象必然很差，反之，形象必然要好一些。”在这样一个以形象决定命运的年代里，每个人都应该牢记这句话，时刻保持自我好一些的形象。如此，我们才会更让人喜爱一些，离成功更近一点。